世界技能大赛混凝土建筑项目训练及办赛指南

吴香香　任红梅　王　彬　编著

北京理工大学出版社
BEIJING INSTITUTE OF TECHNOLOGY PRESS

内 容 提 要

本书共分为8章，包含世界技能大赛及其赛场规则、世界技能大赛混凝土建筑项目简介、选手应具备的技术能力和职业素质、比赛内容和时间安排、职业标准及评分体系、混凝土建筑项目在各个阶段的训练、混凝土建筑项目的赛事准备和总结。本书附录重点介绍了混凝土建筑项目比赛用的设备工具以及历届世赛和国赛的比赛试题图纸。

本书适合世界技能大赛混凝土建筑项目参赛学生训练、相关院校准备混凝土建筑项目比赛时使用，也适合土木类专业学生进行课程实训或专业实训时参考。

图书在版编目（CIP）数据

世界技能大赛混凝土建筑项目训练及办赛指南 / 吴香香，任红梅，王彬编著.--北京：北京理工大学出版社，2023.9

ISBN 978-7-5763-2948-3

Ⅰ.①世…　Ⅱ.①吴…②任…③王…　Ⅲ.①混凝土建筑物－建筑施工－竞赛－世界－指南　Ⅳ.①TU74-62

中国国家版本馆CIP数据核字（2023）第193619号

责任编辑： 王梦春　　**文案编辑：** 邓　洁

责任校对： 周瑞红　　**责任印制：** 王美丽

出版发行 / 北京理工大学出版社有限责任公司

社　　址 / 北京市丰台区四合庄路6号

邮　　编 / 100070

电　　话 / （010）68914026（教材售后服务热线）

（010）68944437（课件资源服务热线）

网　　址 / http：//www.bitpress.com.cn

版 印 次 / 2023年9月第1版第1次印刷

印　　刷 / 河北鑫彩博图印刷有限公司

开　　本 / 787 mm × 1092 mm　1/16

印　　张 / 8

字　　数 / 150千字

定　　价 / 55.00元

前言

Preface

世界技能大赛是全球性的、展现世界最高技能的舞台，被称为“世界技能奥林匹克”。随着我国近几届参赛获得的奖牌数逐渐增多以及上海市申办2026年世界技能大赛的成功，这项赛事在国内也越发引起人们关注，这无疑对促进我国技能人才的培养、提高各行各业技能水平起到了积极的推动作用。经过几十年发展，中国工业发展取得了全方位的成就，中国工业国际地位显著提升，国际竞争力显著增强，中国成为世界制造工厂。但我们也认识到，在某些领域，我国的技术水平较世界最先进的技术水准仍然存在一定的差距。我国要从制造业大国转变成制造业强国，必须提升行业一线技术人员的技能，如此才能将领先的理念和设计转变为先进的产品。世界技能大赛的竞技水平代表着各行业技能的最高水平。对世界技能大赛的考核内容、评价标准进行阐述和剖析，这不仅对项目的参赛选手有积极的指导作用，对本行业专业育人也起到引领作用。

混凝土建筑项目是世界技能大赛诸多项目中的一个，项目编号为46，属于“结构与建筑技术”大类。2019年笔者有幸见习了在俄罗斯喀山举办的第45届世界技能大赛的混凝土建筑项目，2019—2022年作为第46届世界技能大赛筹备组成员参与本赛项的筹备工作。本赛项涉及的工种多、工序复杂、设施设备和材料类别多、选手训练时工作强度高、体能消耗大，因此，赛项对选手的综合素质要求很高。对于土木类技校的学生或其他参赛人员，要掌握本赛项要求的全部技能，必须经过系统的训练。另外，世界技能大赛的组织形式和要求也有其特殊性，规定多，要求严。因此，出版一本世界技能大赛混凝土建筑项目的训练指导用书，用于在平时训练中指导选手，同时为本项目的参赛选手提供世界技能大赛及本项目相关的知识、要求、评分细则是十分必要的。此外，本书第 7 章详细介绍了本赛项的备赛准备，从场地准备、设备工具耗材准备、安全准备、文档资料准备和人员准备等方面进行了详细介绍，可作为国内赛事主办方组织赛事的工作指南。世界技能大赛混凝土建筑项目的考核内容也正是土木类专业学生需要掌握的核心专业技能，书中解析的世界技能大赛的考核要点反映了新时代土木工程领域对一线技术工人的综合能力要求，因此，本书也可以作为土木类专业人员进行课程实训或专业实训参考用书。

由于编者才疏学浅，书中难免存在疏漏不妥之处，恳请各位读者批评指正。

编　者

目录

CONTENTS

第 1 章　世界技能大赛及其赛场规则

1.1　世界技能大赛

世界技能大赛（World Skills Competition，WSC）简称世赛，是迄今全球地位最高、规模最大、影响力最大的职业技能竞赛，被誉为“世界技能奥林匹克”，其竞技水平代表了职业技能发展的世界先进水平，是世界技能组织成员展示和交流职业技能的重要平台。世界技能大赛由世界技能组织（World Skills International，WSI）举办，每两年一届，截至目前已成功举办了 46 届。世界技能大赛比赛项目共分为 6 个大类，分别为结构与建筑技术、创意艺术和时尚、信息与通信技术、制造与工程技术、社会与个人服务、运输与物流。2022 年的第 46 届世赛特别赛共设有 62 个竞赛项目，每一届新的世赛都会有新增项目。大部分竞赛项目对参赛选手的年龄不超过 22 岁，制造团队挑战赛、机电一体化、信息网络布线和飞机维修 4 个需要有工作经验要求的综合性项目，选手年龄不超过 25 岁。

2011 年 10 月 4 日晚，第 41 届世界技能大赛在英国伦敦开幕，中国首次派出代表团参加这一赛事，一共参加数控车床、焊接等 6 个项目的比赛。在这次比赛中，中国选手勇夺焊接项目银牌，使中国首次参赛即实现了零奖牌的突破。2019 年 8 月 22 日，第 45 届世界技能大赛在俄罗斯喀山举行。此次世赛新增化学实验室技术、云计算、网络安全、酒店接待 4 个竞赛项目，56 个比赛项目报名参赛选手共 1 479 名、技术专家 1 399 名，报名参赛人数超过历届世赛。我国组团首次参加全部 56 个项目的比赛，共获得 16 金、14 银、5 铜和 17 个优胜奖，位列金牌榜、奖牌榜、团体总分第一名。2022 年原定于上海举办的第 46 届世界技能大赛因特殊情况取消。2022 年 9 月中旬至 11 月下旬，世界技能组织在 15 个国家举办 2022 年世赛特别赛，按照时间、地点相对集中的原则，中国派选手参加了 34 个项目的比赛，共获得 21 金、3 银、4 铜和 5 个优胜奖，在金牌榜上名列第一，同时，金牌数超越第 45 届世赛参加全部 56 个项目取得的历史最好成绩，金牌获奖率高达 62%，参赛项目奖牌率高达 97%，实现了奖牌数量新的突破。

1.2 世界技能大赛赛场规则

世赛的赛场规则非常严格，选手一旦有任何疑似触犯赛场规则的行为，则马上被勒令暂停比赛，裁判组会对该行为进行讨论，如果仍有疑问，则会继续上报；如果行为被确定为违规，则取消比赛资格。即使在赛后拿到奖牌，如果被确认比赛时有违规行为，则获奖选手也会被取消获奖资格。

世赛的规则包含但不限于以下所述：

（1）只有每个参赛国家的专家和翻译人员才能进入赛场，带队教练和其他人员严禁进入赛场。

（2）场外人员严禁与选手进行交流，即使是无关赛项的交流也不允许。

（3）除世赛网站上提前公布的可以自带的设备工具外，其余设备工具一律不允许被带入赛场。选手自带的设备工具都必须放入工具箱内，工具箱在开赛前一天由专家组进行查验，经过查验的工具设备方可带入工位进行使用。场外人员严禁通过投、递等任何方式将场外设备工具传递给选手。

（4）选手对图纸或赛事有任何疑问，均需要通过举手示意将问题传达给场内的专家组，由专家组进行解答，严禁从场外的教练或其他人员处寻求帮助和解答。

（5）技术观察员可以进入赛场，但是只能在赛场上进行技术观察，不能解答问题、传递工具或以任何形式参与赛事。

（6）对于赛场上出现的问题，如果属于共性的，专家组长会召集所有专家，对该问题进行讨论。讨论完毕，每个专家进行举手表决，取人数多的一方的意见作为该问题最终的解决方案。

（7）比赛的试题通常在赛前 2~3 个月公布，有少量内容在临比赛前 2~3 日进行调整。调整的内容通过专家组开会讨论最终确定，调整后的图纸或技术文件经专家组全体专家签字确认后生效。

第2章 世界技能大赛混凝土建筑项目简介

在第43届世赛上，混凝土建筑项目成为正式世赛项目，至今已经历过四届世界技能大赛：第43届、第44届、第45届和第46届特别赛。中国选手第一次参加混凝土建筑项目比赛是在2019年喀山举办的第45届世赛，并一举夺得金牌；在2022年第46届世赛特别赛上，中国选手获得本项目的铜牌。

混凝土建筑项目为团体赛，两名选手组成一队、相互配合、共同完成赛场任务。

混凝土建筑项目体现了技术工人在施工一线进行混凝土结构施工的技术工作。比赛中，选手采用安全、绿色、先进、环保的施工工艺和方法建造混凝土结构，所有的工作模块均以毫米为单位进行高精度的质量控制。本比赛项目对选手的技能要求主要包括图纸识读与施工放线、模板制作与安装、钢筋绑扎与安放、混凝土浇筑与养护、模板拆除与成品保护等环节。本项目考核除要求选手应具备精湛的混凝土建造技术外，还要求同组的两名选手具备出色的工作组织能力、团队协作能力、沟通能力及良好的施工作业习惯。本项目的特点是涉及的工种多、工艺复杂、技术含量高、选手体能消耗大。

第3章　选手应具备的技术能力和职业素质

世赛混凝土建筑项目的参赛选手应能够建造钢筋混凝土结构，包括基础、柱、梁、板、墙等钢筋混凝土构件的建造。做到这一点，选手必须具备一定的技术能力和职业素质。技术能力包括识读图纸，结构定位弹线，模板与钢筋的下料、加工、制作、安装和加固，脚手架搭设，混凝土浇筑，拆模及养护等；职业素质包括良好的工作组织和协作能力、沟通交往能力、解决问题能力、创新和创造力等。

3.1　技术能力

3.1.1　识读图纸

选手能识读图纸，读懂图纸中包含的下列内容：

（1）作品的尺寸（长、宽、高，转角尺寸，洞口位置，洞口尺寸）。

（2）摆放的方向（洞口朝向，不同面墙的前后左右相对位置），控制线的要求（作品的墙线离控制线的距离）。

（3）钢筋牌号，钢筋长度，箍筋弯钩角度及平直段长度，箍筋间距，箍筋摆放位置等。

识读图纸是本赛项最基础的环节。如果对图纸理解有误，后续工作也必是错的。

3.1.2　测量、放线和定位

根据图纸信息及比赛当日专家组指定的作品定位要求，选手能运用测量工具，通过放线定位作品所在位置。作品定位的准确性是考核的内容之一，需要选手给予足够的重视。

（1）平面位置定位：指作品的平面位置的确定，主要指作品墙线的位置，通过与基准线的距离来确定。对于需要拆模的混凝土墙，通过拆模后的混凝土墙面与基准

线的距离确定；对于不拆模的墙，通过墙模板与基准线的距离确定。

（2）基点的确定：由于每个工位高低有别，因此选手应在各自工位上测量出本工位范围的地面最高点，作为比赛作品的基准点（简称基点），即作品的 ±0.00 点。

（3）标高确定：比赛时，选手从基准点出发，用激光投线仪放出 1.00 的标高线，以此作为作品各部位标高的测量依据。图 3.1 所示即为激光投线仪正在投出 1.00 标高线。

图 3.1　激光投线仪比赛中投出的标高线

3.1.3　模板制作、支设和拆除

1. 木模板制作

选手根据图纸上对作品的要求，制作浇筑混凝土造型所需的木模板。木模板的制作精度直接影响到混凝土作品造型的尺寸精度。所以，这一环节的工作需要做得十分精准。木模板制作这一环节考核的是木模翻样、木模加工及木模组装拼装的能力，也是本赛项技术要求细节最多的环节。如图 3.2 所示为世赛场上选手正在加工木模板和拼装门洞木模。

图 3.2　世赛赛场上选手进行木模板制作

2. 模板支设

模板支设包括木模板支设和金属模板支设。金属模板有铝模板或钢模板（同场比赛中，两者选择其一）。金属模板是成套的模板体系，不需要选手进行加工。金属模板用于支设墙体和楼板；木模板用于制作各类墙面造型或用于金属模板墙体的封头和墙上的门洞。

模板支设的注意事项如下：

（1）墙体模板要有稳固的侧向支撑；

（2）楼面模板下要有稳固的竖向支撑；

（3）模板内侧提前刷好脱模剂；

（4）对于成套的金属模板，应仔细阅读其产品目录，确保构件和配件的完整性；

（5）模板接缝应严密，防止混凝土浇筑时漏浆。

模板支设环节需要选手具备较强的体能。有的单块钢模板重量达 40 kg 以上，需要选手一人举到 1.7 m 高的地方，而且在持续 4~5 h 的时间内要不间断地进行此项工作。因而，模板支设是本赛项最考验选手体能和身体综合素质的一环。

模板支设质量好坏对作品得分影响很大。如果模板支设不稳固，混凝土浇筑时会发生漏浆甚至胀模，直接影响混凝土作品得分，更严重者还会出现安全问题。因此，模板及其支撑系统搭设的安全稳固是比赛中判断能否浇筑混凝土的条件。而模板及其支撑系统搭设的严密、尺寸精准是比赛得高分的重要条件。具体分值可参见第 5 章。

图 3.3 和图 3.4 所示为墙体模板和其支撑系统的支设，图 3.5 所示为楼面模板支撑。

图 3.3　墙体模板

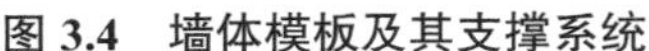

图 3.4 墙体模板及其支撑系统

图 3.5 楼面模板支撑

3. 模板拆除

模板拆除在比赛最后一天进行。拆模顺序为先搭后拆，后搭先拆。

拆模时，应尽量不要用力过猛、过急，严禁用大锤和撬棍硬砸、硬敲，以免混凝土表面或模板受损。拆下的模板及其配件严禁乱抛乱扔，应由同伴接应传递，按指定地点堆放，并及时清理粘在上面的泥砂。在拆模过程中，如发现模板拆除可能引起结构安全问题，应立即停止拆除并上报专家组，经专家组商议后再决定继续拆模或停止拆模。图 3.6 所示为世赛中拆模后露出的混凝土墙面。

图 3.6 拆模后露出的混凝土墙面

3.1.4 混凝土浇筑、养护和表面处理

模板及其支撑系统支设完毕后，进行混凝土浇筑。具体浇筑时间由专家组提前确定。浇筑前选手必须确保模板及其支撑体系已经支设稳固且模板内表面已经涂刷脱模剂。浇筑时，需按照要求分层进行混凝土浇筑并按要求进行振捣。混凝土浇筑完毕后，待混凝土泌水，当水从模板底部与工位地坪空隙处泌出后，应及时将其清理干净；同时快速用抹灰刀抹平墙顶部外露的混凝土表面。待表面处理完毕后立即用塑料薄膜或其他覆盖物进行覆盖养护。

另外，选手在高处操作时需要做好防护，确保施工安全，如图 3.7 所示为世赛选手进行混凝土浇筑。

图 3.7　混凝土浇筑

3.1.5 钢筋制作和绑扎

选手应能根据图纸要求进行钢筋的加工及钢筋笼制作，包括钢筋下料、钢筋剪断、箍筋制作定位，和钢筋绑扎等。此处需要注意对各项尺寸的准确把握，如钢筋下料长度、箍筋尺寸、弯钩平直段长度、主筋定位、箍筋定位与间距、钢筋保护层的留置等，这些尺寸是本环节考核的重点，如图 3.8 所示为世赛选手进行钢筋绑扎。

图 3.8　钢筋绑扎

3.2　职业素质

除 3.1 节所述的技术能力要求外，本项目选手还应具备以下的职业素质。

3.2.1　出色的工作组织与协作能力

在接到比赛任务后，同组的两名选手应迅速进行分工，确定各自的任务，并在需要两个人同时作业的环节进行有效合作，将各自的特长和优势予以合理的组合，从而在规定时间内出色完成工作任务。

3.2.2　良好的沟通与人际交往能力

赛场上，两名搭档选手之间需要进行紧密合作，默契配合，彰显团队合作精神。因此，搭档选手之间需要保持有效的沟通和交流。

另外，在比赛过程中，如遇到需要和裁判组沟通的事宜，如混凝土浇筑时需要增加混凝土用量或场地工具使用时出现故障等，选手应及时并有效地与专家组或翻译沟通，及时反映问题，寻求快速的解决方法。

除此以外，赛场上出现任何意外，也需要比赛选手控制好自己的情绪，冷静处

理，将问题及时报告给专家组，等待专家组裁决。此时同样需要选手具备与专家组及翻译进行有效沟通和交往的能力。

3.2.3 解决现场问题的能力

选手解决现场问题的能力体现在两个方面。

一方面，比赛图纸虽然提前三个月发布，但少量（约 30%）的内容会在临开赛时进行更改。这就需要选手针对这部分更改内容对平时的训练内容临场进行调整。

另一方面，当在赛场遇到某些突发情况时，选手也应有冷静处理好突发情况的能力，不因突发事件出现过激情绪和行为而影响比赛，确保比赛中自身水平的正常发挥。本项目中，突发情况有可能是抽到的工位位置不太理想、赛场上提供的比赛工具与自己事先理解的不同、比赛过程中工具或设备出现故障、耗材出现尺寸偏差或数量偏差、使用工具时不慎被划伤等。

3.2.4 创新能力

开赛前设定少量比赛内容会发生变化，主要是为了考察选手是否具备解决临场应变的能力。除此以外，还需要选手具备创新能力，需要选手结合平时训练内容，通过创新思维，完成新通知的比赛任务。

3.2.5 文明施工

养成良好的施工习惯，培养高水平职业素养。在每天比赛（或训练）结束后，选手都必须将工具收拾归类，工位物品堆放整齐，打扫清理现场作业留下的残留垃圾，做到工完场清、文明施工。

第 4 章　比赛内容和时间安排

本章以第 45 届喀山世界技能大赛为例进行介绍。

每天的比赛时间基本是固定的；但根据比赛的实际进度，专家组有时会对比赛时间进行微小的调整。通常当天比赛结束时，技能经理和专家组会确定第二天比赛的开始时间和结束时间。

每天比赛开赛前，技能经理宣布比赛开始；比赛结束时间一到，技能经理宣布当天比赛结束。选手要在比赛结束后的半个小时内完成场地清理、工具归位等工作，然后离场。随后，专家组（裁判组）在首席专家的带领下开始对各参赛队的完成内容进行评分。评分体系和考核内容详见第 5 章。

世赛是一个对时间要求严格、在各个环节都极具仪式感的赛事。比赛时间总共为 4 天。第 45 届世赛混凝土建筑项目的比赛历时 22 h，每天的时间分配为 6 h，7 h，6 h，3 h。具体的事件安排和时间见表 4.1。在表 4.1 中，C−1、C−2、C−3、C−4 分别表示比赛前一天、前两天、前三天、前四天；C1、C2、C3、C4 分别表示比赛第一天、第二天、第三天、第四天。

表 4.1　第 45 届世赛的事件发展时间表

时间	参加人	事件
C−4	技能经理、专家组和翻译	确定每个工位混凝土浇筑的时间及混凝土泵车如何进行工位间的流转
C−3	技能经理、专家组和翻译	确定每天专家组进行评价打分时间、评价内容，具体要评价的点、测量误差等，确定混凝土浇筑工位顺序
C−2	技能经理、专家组、翻译和选手	（1）在简报区，选手、翻译及专家进行自我介绍 （2）在简报区，播放 HSE（健康安全环境）教育的宣传片，让每个人观看并签下安全承诺书 （3）选手信息登记 （4）专家组查验各国选手工具箱

续表

时间	参加人	事件
C-2	技能经理、专家组、翻译和选手	（1）选手看试题（试题不允许被带走） （2）专家们抽取本队工位号，选手将工具箱送至自己工位 （3）选手在工位上试用工具，时间约为 2 h。这时允许选手用工具做一些比赛需要的物品 （4）专家组组长将专家成员分为 A 组和 B 组两组 （5）各国选手交换礼物 （6）大家站成一圈，轮流走出来击掌，庆祝比赛即将开始 （7）合影
C-1	技能经理、专家组和翻译	以专家分组的形式讨论本届的试题如何修改，打分规则是否需要修改，竞赛规则是否需修改
C1	技能经理、专家组、翻译和选手	比赛第一天 （1）8：30—9：00 开赛前的技术交流（本国专家与本国选手） （2）9：00—16：00 正式比赛（比赛时长：6 h；不包含午餐 1 h） （3）16：00—16：15 清扫工位（清扫工位时间不计入比赛时间） （4）16：30 专家组对今日的比赛进行评分 （从进度看，比赛第一天基本应该要完成 View A 面的模板搭建）
C2	技能经理、专家组、翻译和选手	比赛第二天 （1）8：30—9：00 开赛前的技术交流（本国专家与本国选手） （2）9：00—17：00 正式比赛（比赛时长：7 h；不包含午餐 1 h） （期间：中午 12：00 开始，浇筑混凝土，浇筑时长约为 0.5 h。按照事先抽好的浇筑混凝土的顺序进行，选手中午就餐分两拨，而且要求本国专家和本国选手不在一个时段就餐） （3）17：00—17：15 清扫工位 （4）17：30 专家组对今日的比赛作品进行评分 （从进度看，比赛第二天必须完成 View A 面、View B 面的模板搭建及 View A 面的混凝土浇筑。如果 View A 面没搭完或对自己搭建的 View A 面模板稳定性没有足够信心，则可以放弃浇筑混凝土）
C3	技能经理、专家组、翻译和选手	比赛第三天 （1）9：00—9：30 开赛前的技术交流（本国专家与本国选手） （2）9：30—16：30 正式比赛（比赛时长：6 h；不包含午餐 1 h） （3）16：30—16：45 清扫工位 （4）17：00 专家组对今日的比赛作品进行评分 （从进度看，比赛第三天必须完成钢筋笼的绑扎和楼板模板搭设）
C4	技能经理、专家组、翻译和选手	比赛第四天 （1）9：00—12：00 开赛前的技术交流（本国专家与本国选手） （2）9：00—12：00 正式比赛（比赛时长：3 h） （3）12：00—12：15 清扫工位 （4）12：15 技能经理宣布比赛结束 （5）13：30 专家组对今日的比赛进行评分 （从进度看，比赛第四天要完成 View A 面模板的拆除。而且按照要求，要等楼板搭设完成才能拆除 View A 面模板）

表 4.1 中所列的 C1~C4 四天的比赛内容如下：

第一天（C1）：识图，放线，支 A 面墙体模板；

第二天（C2）：继续支 A 面墙体模板和 B 面墙体模板，A 面墙体内浇筑混凝土，支设楼板模板；

第三天（C3）：钢筋绑扎，完成楼板模板的支设；

第三天（C4）：拆除 A 面的外侧模板、露出混凝土浇筑面，对混凝土表面进行处理（楼板模板搭设完成，方能拆除模板）。

此处所提及的 A 面、B 面等均为来自第 45 届世赛试题的信息，可参见附录 2.2。

第 5 章　职业标准及评分体系

5.1　本项目职业标准

根据世赛官网（https：//worldskills.org/what/projects/wsos/）发布的职业标准，世赛混凝土建筑项目的职业标准包含七个方面，即工作组织与管理；沟通与人际交往；识读图纸；长度测量；模板支设与钢筋制作；混凝土浇筑与处理；脱模与表面处理。

世赛官网对每个方面分别定义了知识要求和能力要求，并给出了相应的权重。

5.1.1　工作组织与管理（权重：5）

1. 参赛者应具备的知识要求

（1）健康与安全标准、规则和规定；

（2）应该采用个人防护设备的场合；

（3）与个人安全相关的所有工具设备的使用目的、用途、保养、维护和存放；

（4）材料的使用目的、用途、保养和存放；

（5）适用于绿色材料和可回收材料应用的可持续措施；

（6）可减少浪费和节约成本的工作方式；

（7）工作流程和量测的原则；

（8）在所有工作实践中做好计划，关注细节的重要性。

2. 参赛者应具备的能力要求

（1）遵循健康安全标准、规则和规定；

（2）识别和应用合适的个人防护设备，包括安全鞋、耳塞和安全眼镜；

（3）安全地选择、应用、清洗、保养、保存所有的工具和设备；

（4）安全地选择、应用、保存所有的材料；

（5）安全进行高空作业；

（6）规划工作区域以便提高工作效率并保有日常清扫的自觉性；

（7）准确地测量；

（8）高效率地工作、定时检查工作进度和结果；

（9）建立并持续保持高质量的标准和工作流程；

（10）通过上锁、签字及加强防盗等措施来建立安全的施工现场；

（11）主动持续地融入行业的领先技术来保持当前技术和工作实践的先进性。

5.1.2 沟通与人际交往（权重：4）

1. 参赛者应具备的知识要求

（1）建立和保持对同事及客户的信任的重要性；

（2）建筑师和其他相关专业的角色和要求；

（3）建立和保持有成效的工作关系的价值；

（4）迅速解决误解和需求矛盾的重要性；

（5）对团队成员及对非专业人士做到理解体谅的重要性；

（6）自我意识与他人意识的原则；

（7）沟通的基本规则。

2. 参赛者应具备的能力要求

（1）积极地解读客户需求和管理客户期望；

（2）读懂建筑师和其他相关专业的需求；

（3）带动建筑师及其他相关专业人员一起支持客户的需求；

（4）利用给出意见和提问的方法来解决问题；

（5）阐述技术问题并解释问题；

（6）为解决技术问题提供建议；

（7）有建设性地回应队友的想法和建议并帮助他们做决定；

（8）向非专业人士描述复杂的技术措施。

5.1.3 识读图纸（权重：5）

1. 参赛者应具备的知识要求

（1）施工图纸上应该包含的基本信息；

（2）施工图纸上常用的表达规则、图例、符号；

（3）检查缺失信息和错误信息、预见可能存在的问题，并在规定流程和施工前解决问题的重要性；

（4）几何学在施工过程中的运用和作用；

（5）数学知识在计算图形长度和角度上的运用；

（6）结构构件在总图及详图中的标准表达与尺寸标注（始自固定测量点的高度确定）。

2. 参赛者应具备的能力要求

（1）准备现场测量图纸；

（2）准备所需材料并计入因受压缩、浪费、破损而导致的材料增加；

（3）计算模板面积和材料需求；

（4）计算混凝土面一侧的模板面积和材料需求；

（5）解读、分析施工计划、材料清单、部件清单，并按这些计划和清单开展工作；

（6）制订施工计划，如设计计划、模板计划、钢筋计划和详图等；

（7）将计划中的信息转发给其他专业、工作同事和客户；

（8）从需要的角度、截面或以其他表达的形式准备草图。

5.1.4 开工和测量（权重：6）

1. 参赛者应具备的知识要求

（1）“自上而下”思维的重要性，以确保在项目伊始所有的事情都可以准备妥当；

（2）准备欠妥当给项目 / 公司带来的不良影响；

（3）能对施工起到帮助的样板 / 建筑“帮手”；

（4）帮助量测和核对项目的计算方式；

（5）帮助项目的几何原理和技巧。

2. 参赛者应具备的能力要求

（1）将项目变得可视化并考虑周全，尽早识别潜在的风险并采取必要的预防措施；

（2）根据计划和规定设定项目的位置、起始点和起始线；

（3）准确解读施工图上的尺寸并确保施工开始时是从设计出发并考虑了所给的容许误差；

（4）检查所有的水平角度和竖向角度；

（5）制作可在施工中提供帮助的样板 / 建筑“帮手”；

（6）设定供项目参考用的数据点；

（7）开工时利用必要的测量设备（折尺、卷尺、测距仪、三角尺、水准仪等）；

（8）开始并检查角度；

（9）创建水平线，用水准仪、水位计、光学仪器进行高度量测；

（10）开始并根据计划手动测量模板；

（11）为混凝土表面测量预先确定结构、节点和材料（预埋孔洞、模板框架、木板塞缝、配模和模板板件的对齐等）。

5.1.5 模板支设与钢筋制作（权重：50）

1. 参赛者应具备的知识要求

（1）健康、安全规范与环境对项目的重要性；

（2）根据操作指南来应用工具、设备、施工机械和辅助设施（如仪表、量测装置等）；

（3）使用手动工具（如锤子、锯子、刨子等）来加工木板、金属和塑料等材料；

（4）依据安全条例使用电动工具（如电钻、电锯、打磨机等）加工木板、金属和塑料等材料；

（5）脚手架使用要求；

（6）单件模板构件如模板内衬（胶合板、框架单元件、保护层）、模板梁、模板支撑、螺栓、模板卡件和斜撑的支设要求；

（7）构件（模板主梁、管状钢立撑，支撑，斜撑，钢筋，模板锚固件）和脚手架材料（木材、钢材）；

（8）怎样制作模板，包括搭建、支撑、制作凹槽和脱模；

（9）模板的种类，不同区域的模板应用和应用方法：基础模板、墙模板、柱模板、梁模板、板模板、楼梯模板、面板混凝土模板，爬模，滑模，凹槽等；

（10）钢筋的加强作用、类别和型号及它们的选择、分类和运输形式；

（11）根据要求切割并弯曲钢筋；

（12）混凝土保护层；

（13）不同种类的接缝（伸缩缝、沉降缝、施工缝和假缝），各类缝的作用及如何施工；

（14）混凝土表面质量，如孔隙率、色差、光滑度、施工缝的施工、模板构件拼缝、模板角沿、模板内衬压成的印痕、锚固点、锚固孔分离、框架压印，模板内衬接缝、模板内衬作为光滑的或粗糙的混凝土表面（纹理）。

2. 参赛者应具备的能力要求

（1）手工加工木材、金属材料、塑料等材料（切割、重塑形、连接）；

（2）手工或用机械测量、布置、切割木料；

（3）制作简单的木架、工作平台和辅助设施，搭建保护网并按照相关条件使用它们；

（4）制作每一类模板并将它们安装在一起；

（5）制作支架和支撑（混凝土侧压力）；

（6）制作混凝土面模板；

（7）制作缝隙、孔、洞口、凹槽；

（8）根据指示移动锚栓；

（9）制作不同的连接缝及选择与之相应的填缝剂（配置材料，封缝条，伸缩缝胶带）；

（10）根据弯曲图和钢筋图切割钢筋长度、弯曲、交错、放置及锚固钢筋，且所有工作均需符合钢筋加工规定（特别是那些涉及钢筋弯曲，弯曲曲率，端部弯钩，支架，分布，间隔，结构缝，钢筋连接）；

（11）通过正确施工避免以下问题。

1）竖向构件上锈斑的堆积和落在水平构件下部的由钢筋残余造成的锈迹；

2）水泥浆残余通过竖向构件上没有密封的施工缝流淌下来；

3）因损坏的、没对齐的、不合适的三角形或梯形板件而造成的不干净的角部形状；

4）模板板件缝隙和构件连接缝隙，超出了规范要求；

5）模板边缘、板件缝隙和构件连接及锚固孔处严重漏浆（如核心结构由于水泥浆漏浆而暴露在外面）；

6）非常明显的泌水现象；

7）由于模板不恰当布置导致混凝土表面质量不同（色差 / 纹理）。

（12）合理、安全地使用脚手架，并应满足健康安全的要求和规定。

5.1.6　混凝土浇筑与处理（权重：22.5）

1. 参赛者应具备的知识要求

（1）健康与安全规范对项目的影响；

（2）施工现场中的混凝土技术与混凝土处理流程（采购，运送至模板，浇筑压实，后处理）；

（3）混凝土各类添加剂（如混凝土稀释剂、塑化剂、密封蜡、防冻剂、早强剂等），如何运用它们及它们对混凝土质量的影响；

（4）如何避免浇筑过程中出现的各种问题；

（5）在夏天和冬天浇筑混凝土需要采取的额外措施；

（6）浇筑混凝土前的准备条件，如清除模板上的污垢、提前增湿、检查稳定性、用足够的隔离剂、平滑仪器等；

（7）混凝土密实过程；

（8）混凝土表面处理方法，如平滑、剔除、找平及做这些混凝土表面处理所需的工具；

（9）采用覆盖、洒水、加湿等养护方法或超过脱模时间将新鲜混凝土留在模板内等方法来进行混凝土养护的必要（防干燥、防霜冻、防泌水、振捣）；

（10）混凝土表面质量，如孔隙率、色度一致性等。

2. 参赛者应具备的能力要求

（1）根据混凝土配合比将原材料拌制成素混凝土；

（2）为工地订购预拌混凝土并用混凝土泵车、起重机车、吊桶或传输管将其运输至工地；

（3）根据模板内衬而采用高压喷射、刷子、织物或机械方法，在浇筑混凝土前涂刷隔离剂；

（4）将混凝土浇筑至准备好的模板内；

（5）用振捣棒进行振捣来密实混凝土；

（6）用工具对混凝土表面进行处理：平滑、剔除、找平；

（7）进行混凝土养护：用覆盖、洒水、加湿、后处理的办法，或超过脱模时间仍将新鲜混凝土留在模板内；

（8）避免不正确的混凝土浇筑或振捣（如蜂窝或肉眼可见的分层等）。

5.1.7 脱模和表面处理（权重：7.5）

1. 参赛者应具备的知识要求

（1）脱模时间；

（2）根据模板材料选择清洁方式，如高压水、人工模板清洗；

（3）与有危害的清洁材料相关的健康安全的问题和流程；

（4）模板系统的保养和维护（清洗，维护，损坏局部的修复）。

2. 参赛者应具备的能力要求

（1）用工具脱模（如模板撬棍）；

（2）用水或人工模板清洁剂清理模板；

（3）正确安全地使用有危害的清洁剂；

（4）保养和维护模板系统并替代有损坏的局部；

（5）分类并存放所有需要的模板部件，为模板运输做好准备。

5.2　本项目评分体系和考核要点

世赛通过让选手完成指定工作任务来考核选手的专业技能和综合素质。混凝土建筑项目的指定工作任务是同一参赛队的两位选手根据赛场提供的建筑材料及试题图纸，在规定时间（第 45 届世赛为 22 h）内将图纸上所示的混凝土结构搭建起来，完成的作品要满足图纸要求及考核的精度要求。要做到这一点，选手必须具备的专业技能有识读图纸，结构定位弹线，模板方案设计，木模板下料、加工、制作、安装，钢模板安装，钢筋的加工和绑扎，操作用脚手架的搭设，混凝土浇筑，模板拆除及混凝土养护等工序的技术能力。这些专业技能可以涵盖土木工程领域的多个工种，如放线工、模板工、木工、混凝土工、钢筋工。可见，世赛混凝土建筑项目全面综合地考核了土木工程专业领域的一线工人应具备的专业技能。

除此以外，选手还需要具备与搭档之间团结合作、和比赛现场的专家团队进行良好沟通交流、高效组织和管理工作任务等综合素质。

5.2.1　世赛混凝土建筑项目评分标准

以下基于第 45 届世赛混凝土建筑项目的评分标准对本项目所考核的专业技能点和综合素质点进行详细分析。

世赛混凝土建筑项目的评分由四个模块组成。模块 A：工作组织和管理；模块 B：图纸和放线；模块 C：模板和钢筋制作与安装；模块 D：混凝土浇筑与拆模。评分由测量分（客观分）和评价分（主观分）组成。四个模块的测量分和评价分见表 5.1。

表 5.1　世赛混凝土建筑项目的四大模块测量分和评价分分值

模块	测量分	评价分	分项总计
A 工作组织和管理	3	6	9
B 识图与放线	11	0	11
C 模板和钢筋制作与安装	50	0	50
D 混凝土浇筑与拆模	27	3	30
总计	91	9	100

从表 5.1 可以看出，本项目各技能点的重要性程度。模块 C（模板和钢筋制作与安装）分值高达 50 分，通过对工作内容的进一步分析，可将模块 C 拆分为钢模板（墙模板）安装、木模板制作与安装、钢筋制作与安装三大子模块，这三大子模块相互之间较为独立。同时，模块 D（混凝土浇筑与拆模）也可根据工作内容分为浇筑拆模和混凝土表面处理两大子模块。将表 5.1 的评分分值按照上述子模块进行进一步拆分，可以得到表 5.2 所示的更为细分的分值分布。

表 5.2　世赛混凝土建筑项目的 7 个细分模块的测量分和评价分分值

模块（或子模块）	测量分	评价分	分项总计
A 工作组织和管理	3	6	9
B 识图与放线	11	0	11
C-1 钢模板安装	21	0	21
C-2 木模板制作与安装	15	0	15
C-3 钢筋制作与安装	14	0	14
D-1 混凝土浇筑拆模工作	12.5	3	15.5
D-2 拆模后混凝土表面处理	14.5	0	14.5
总计	91	9	100

5.2.2　世赛混凝土建筑项目测量分及其评价内容

对测量分所评价内容及各内容的分值逐一分析，结果见表 5.3。从表 5.3 列出的评价内容可以更加清楚地看出各个评价内容及其对应的分值。

表 5.3　世赛混凝土建筑项目测量分对应的评价内容和分值表

模块	评价内容	分值
工作组织和管理——安全	安全装备是否规范佩戴，是否需要额外材料	3
识图与放线——轴线位置	墙轴线位置（每 1 mm 误差扣 0.25 分）	2
识图与放线——模板安装位置	墙的内外模板、门洞左右侧模板、墙角左右侧模板（每 1 mm 误差扣 0.25 分）	6
识图与放线——混凝土墙的尺寸	墙的厚、高、宽（每 1 mm 误差扣 0.25 分）	3
模板和钢筋制作与安装——墙模板	销钉间距、销片紧固、螺杆安装、螺杆上螺母安装，背楞加固，斜撑安装，模板拼缝，模板垂直度两处，模板偏离轴线两处，墙模板平整度两处	19
模板和钢筋制作与安装——模板涂刷脱模剂	外墙内外侧模板刷脱模剂	2
模板和钢筋制作与安装——木模应用效果（脱模后测量）	墙厚、墙宽、门洞高、门洞宽、门洞垂直度（每超过 1 mm，扣 0.25 分）	15
模板和钢筋制作与安装——主筋	主筋的绑扎，主筋应位于箍筋弯折处（大于 10 mm 的，一处扣 0.5 分）	2
模板和钢筋制作与安装——箍筋	箍筋间距、位置、尺寸	12
混凝土浇筑与拆模——混凝土浇筑	混凝土浇筑分层、放料均匀	2.5
混凝土浇筑与拆模——混凝土振动	振动棒的使用、振动时间和间距	4.5
混凝土浇筑与拆模——混凝土收水抹面	混凝土表面提浆收水，二次抹面收光	2
混凝土浇筑与拆模——模板拆除	钢模和钢模支架、木模板的清理	3.5
混凝土浇筑与拆模——混凝土质量	混凝土表面质量；混凝土外表面裂缝（每 50 mm 裂缝长度扣 0.5 分）	14.5
总计	—	91

从表 5.3 可以看出世赛混凝土建筑项目考核的技能点，同时也可看出技能点扣分标准，可见世赛对作品精度的要求之高。根据《混凝土结构工程施工规范》（GB 50666—2011），施工误差通常不超过 5 mm 或 10 mm，而世赛的精度要求几乎都为 1 mm，充分考验选手精湛的技艺和精益求精的工匠精神。

5.2.3 世赛混凝土建筑项目评价分及其考核内容

除要求选手掌握全面高超的专业技能外，世赛还要求选手具有出色的工作组织和管理能力、良好的人际交往能力、解决临时遇到问题的应变能力、创新和创造力。只有具备了这些素质，选手才能在较短的比赛时间内完成复杂的多道工序、交出完美的作品。评价分就是用来评价这些能力的。世赛混凝土建筑项目评价分的评价内容及分值见表 5.4。

表 5.4　世赛混凝土建筑项目评价分对应的评价内容和分值表

模块	评价内容	分值	素质点
工作组织与管理——清洁	是否清洁工作区，整理材料、废料和带走垃圾，确保现场洁净卫生	3	工作组织能力
工作组织与管理——沟通能力	是否大声喧哗，是否对队友信任并保持积极沟通	3	团队合作能力
混凝土浇筑与拆模——对混凝土需求的沟通	与混凝土提供方沟通和配合是否有矛盾	1	交流与沟通技巧
混凝土浇筑与拆模——模板拆除	卸下的模板是否分类堆放到指定区域；卸下的模板是否堆放摆放整齐	2	工完场清的工作习惯
总计	—	9	—

表 5.4 列出了本赛项考核的素质点。评价分全面考核了一个从业人员应有的组织能力、合作精神、沟通技巧和良好的工作习惯，这些统称为从业人员的综合素质，是世赛考评里除技能外的另一重点。

第 6 章　混凝土建筑项目在各个阶段的训练

世赛混凝土建筑项目模拟施工现场混凝土结构工程的施工过程，涉及的工种很多，包括：放线工、木工、模板工、混凝土工、钢筋工。这些工序之间环环相扣、相互衔接。任何一个环节出现问题都会影响到赛项作业进度和作业质量，在实际工程中也如此。赛场上，选手们拼技能、拼速度。最后，在规定时间内高精度、高质量地完成任务者方能胜出。

为了达到世赛的技能要求和素质要求，选手必须在各个阶段有针对性地加强训练。冰冻三尺非一日之寒，选手们只有平时勤学苦练，方能在各级别比赛中过关斩将，最终笑傲于世赛的舞台。本章分别从初赛、省级选拔赛备赛、国家选拔赛备赛、世赛备赛四个阶段来描述训练的内容和要求。

训练前务必做好安全培训，训练时务必做好安全防护。

6.1　初赛阶段

6.1.1　专业技能训练

初赛阶段的专业训练包含以下内容。

1. 工作组织与沟通能力

指导两名搭档选手在训练时进行分工合作，培养作业时的默契度；在需要两个人同时作业的方面进行有效合作，将各自特长和优势进行有效合理地组合，以达到在规定时间内出色完成工作任务的目标。

在搭档选手之间、选手与指导教师之间培养良好的沟通能力，避免沟通不畅造成对工作指令误解。对于每次出现的合作或沟通问题，要进行总结和反思，不断提高工作组织与沟通的能力。

选手需要学习并遵守该项目所需健康和安全规定，进入施工现场必须佩戴好劳保用品。特别是在使用电动工具时，指导教师做好操作示范后选手方可自己进行操作，做好安全技术交底工作。

每天训练结束后，及时将工具材料进行分类堆放，清扫场地，做到工完场清。

2. 图纸识读与放线

（1）图纸识读。

1）训练选手的基本识图能力，通过讲解结构施工图及钢筋详图让选手能读懂图中的设计信息；

2） 将图纸内容进行提炼汇总并结合两名搭档选手的各自优势进行分工执行。

（2）放线。

1）训练选手先学会使用墨斗、铅笔等放线工具，初步学会弹线的基本方法；初赛阶段的放线工作暂不考虑标高和场地高差等情况。

放线的基本步骤如下：

①根据场地给定的边线弹出水平控制线；

②利用勾股定理或角平分线的方法弹出水平控制线的中垂线，如图 6.1 所示。第一步，确定垂足 *O*，然后在水平控制线上选一点 *B*，该点距离尽量远，可选作品边线上的点；然后从 *B* 点拉出卷尺，拉向 *O* 点垂线的方向，画出弧线，弧线位置要通过肉眼判断、确保可以涵盖垂线，记住此处弧线在卷尺上显示的距离。第二步，在另一侧选取一点 *A*，*OA* 长等于 *OB* 长，从 *A* 点拉出卷尺，同样方法，做出弧线，此步弧线位置与第一步弧线位置相等，即 *BP* 长等于 *AP* 长（该弧线与第一步的弧线相交点为 *P*），如图 6.1 所示。第三步，弹出线来连接 *O*、*P* 两点，*OP* 即为中垂线。

③沿水平控制线和中垂线依次弹出墙内边线、外边线、墙边线往内及往外扩 200 mm 的定位线；定位线必须相交。（是否需要弹出定位线视不同比赛的具体规定。）

在步骤③中，对于短线可以用大直角尺作为辅助工具来确保引线的垂直度、减小误差。对于长于 0.5 m 的线，则必须用②中作垂线的方法引出垂线来减小误差累计。

同时，尽量保证所有的线都从水平控制线及其中垂线上引出，减少误差叠加；并及时利用量测矩形对角线的方法来复核放线的准确度。比如，对于 4 m×4 m 的正方形，对角线误差应控制在 3 mm 以内。

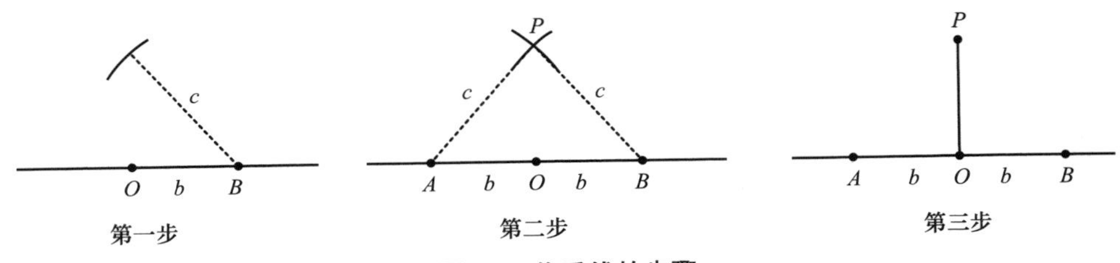

图 6.1　作垂线的步骤

图 6.2　画图 6.1 中第二步弧线 *AP*

2）训练选手养成良好习惯：放线完成后须任意抽取几个点，用理论值对放线结果进行复核。

3. 木模板制作与模板安装

（1）木模板制作。

这一阶段的重点是训练基本功。

1）训练选手用羊角锤在模板、木方上钉钉子，要求每个钉子钉在模板上不弯曲；如果弯曲，选手应掌握纠弯和调直的操作方法。

2）训练选手用测量工具和画线工具在木模板上划出加工线，画线做到精确、不偏位。

3）训练选手学习部分木料加工设备（轨道锯、台锯等）的使用。电动工具的使用必须由指导教师先讲解工具的用途、注意事项，并做好安全交底，然后指导教师亲自操作示范后，选手方可进行操作。选手操作时，指导教师必须站在一旁，确保选手完全掌握了该项工具的用法方可离开。

4）训练选手使用切割机、轨道锯、台锯等设备切割木模板，能按照图纸要求切割出方形等直线形状的模板。要求切割线条整齐，切割后复测，尺寸偏差应小于 1 mm。

5）训练选手通过图纸读出模板的造型，并介绍模板翻样的工作流程，训练选手将简单的模板图纸翻样成单块模板零件。

如图 6.3 所示为木模板加工制作。

（2）钢管架搭设。

支撑木模板制作完毕，要用钢管架支撑形成稳固的模板系统，如图 6.4 所示。钢管架支撑的搭设需遵守《建筑施工扣件式钢管脚手架安全技术规范》（JGJ 130—2011）的规定。

图 6.3　木模板加工制作

钢管架支撑的要求如下：

1）扣件离钢管端部不小于 100 mm；

2）木方背楞（竖背楞）每相邻间距不超过 200 mm；且上下端离模板边不超过 50 mm；

3）钢管背楞（横背楞）每相邻间距不超过 500 mm；且第一道离地不超过 200 mm 或最上面一道离混凝土顶不超过 300 mm；

4）斜撑、扣件和山型卡都必须拧紧；

5）斜撑必须顶紧地面，无滑移。

钢管架支撑的质量标准包括扣件紧固、模板面平直、背楞满足规范要求、模板面间距满足墙体厚度要求、支撑牢固。钢管架支撑的质量好坏直接影响到混凝土构件成形后的尺寸和表面质量，而且也是判断木模板内能否浇筑混凝土的条件。因此，应予以足够的重视。

图 6.4　搭设完毕的钢管架

（3）铝模板安装。

指导教师须讲解所使用的模板系统的构成、模板安装的安全性。

1）训练选手用前几届全国职业技能大赛（以下简称“国赛”）使用的相同型号的铝模板进行模板安装。铝模板安装无需补缺模板，组合也较为简单。此阶段安装暂不需要考虑模板标高和垂直度，也不要求刷脱模剂，只要拼装成型即可。

2）指导教师需要进行安装示范后方可让选手进行尝试。

3）铝模板安装的顺序通常为拼装所有内模→安装木制的预留门洞→拼装所有外模→拼装外模的同时穿对拉螺栓与套管→梁模板拼装→楼板模板拼装→内外横楞加固→内外竖楞加固→插销钉片进行紧固→安装斜撑并通过松紧斜撑来调直模板表面。

安装铝模板之前，需要按图纸选择正确的内、外模板，以及阴阳角模板，并通过在放好的地面线上打限位钢筋头的办法来保证铝模板安装位置的准确。

墙体铝模板安装的注意事项如下：

1）墙模板安装前须弹好定位轴线、墙边线、控制线（通常离墙边线 200 mm），用来复核墙模板的位置。

2）在墙模板支设前应对墙底部地面进行砂浆找平或用模板条塞垫找平，以减少因墙模板与地面存在缝隙造成漏浆。

堵头板固定的注意事项如下：

1）墙堵头板拼缝处应选用方木固定，防止墙阳角漏浆；堵头板尽量选用通长模板，以免板接缝处漏浆、胀模。

2）墙堵头模板应预先钻孔，确保此处穿墙螺杆的穿入，确保墙头放置位置的准确。

3）进行墙阳角和阴角修整，确保接缝齐平美观。

4. 钢筋加工与绑扎

初赛阶段的选手应进行钢筋下料、切断、绑扎的练习。

（1）训练选手使用手动钢筋弯曲器、大力钳和扎钩。指导教师先讲解设备的功能、操作时的注意事项并示范操作后，选手方可进行练习。

用钢筋弯曲器进行箍筋弯曲时要注意弯曲后箍筋环的平直，避免出现扭曲的箍筋环。

（2）训练选手根据钢筋图纸计算钢筋的下料长度。此处难点是箍筋弯钩处长度的计算。国赛中箍筋通常采用 135° 弯钩；根据《混凝土结构工程施工规范》（GB 50666—2011）的规定，弯钩平直段长度应满足规范要求，弯折后平直段长度不应小于箍筋直径的 10 倍或 75 mm（取两者之中的较大值），如图 6.5 所示。应注意的是，

钢筋弯曲器的直径会影响弯曲段的长度，必然也影响钢筋的下料长度。对于直径为 8 mm 的箍筋，箍筋总长（L）可通过式（6.1）确定：

$$L=C+11.9d-8R+3\pi(r+d/2)+6 \tag{6.1}$$

式中 L——箍筋总长，mm；

C——箍筋高宽围成的周长，mm；

d——箍筋直径，mm；

R——钢筋弯曲器柱芯的半径，mm。

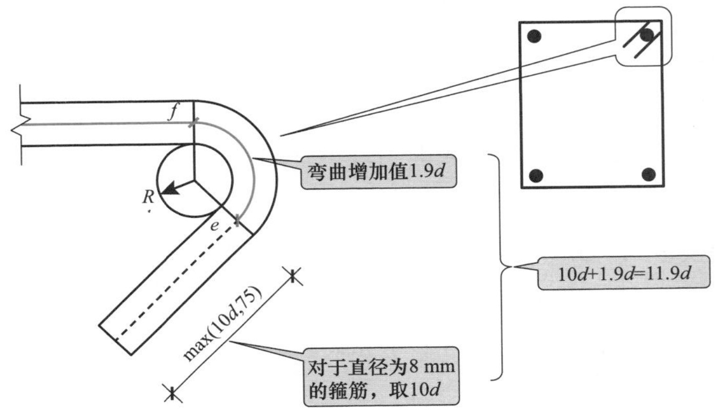

图 6.5　箍筋弯钩尺寸

（3）训练选手从原直段钢筋上进行测量，确定钢筋剪切长度并做标记。

（4）训练选手用大力钳在标记处剪断钢筋。

（5）训练选手将剪断的钢筋放到手动钢筋弯曲器上进行钢筋弯曲成型。

（6）训练选手将制作好的箍筋套到主筋上面，此时要注意相邻箍筋弯钩的位置要交错放置，箍筋弯钩的方向也应一致。

（7）训练选手利用扎钩进行钢筋绑扎，学习十字花扣、顺扣、反扣等钢筋绑扎方法，制作成钢筋笼，如图 6.6 所示。

图 6.6　钢筋笼制作

5. 模板拆除

在本阶段主要工作内容为铝模板拆除。

指导教师须提前讲解模板拆除的顺序（先支后拆，后支先拆）、安全性要求。

（1）训练选手按照拆模顺序进行模板拆除。

（2）训练选手拆除模板时，模板应轻拿轻放，确保模板不变形。

（3）训练选手应及时对拆除后的模板进行清理，并按要求分类堆放，保持场地整洁。

拆除墙模板的步骤和注意事项如下：

（1）先拆除斜支撑，再拆除穿墙螺杆。拆除穿墙螺杆是用扳手松动螺母，取下垫片，拿下背楞，轻击螺杆一端，至螺杆退出混凝土，再拆除模板连接的销钉，用撬棍撬动模板，使模板和墙体脱离。及时清理拆下的模板和配件，将其搬运至要求存放的位置并平放叠好。

（2）墙铝模板的拆除以铝模板底部作为离开混凝土的转轴，用撬棍使铝模板与墙侧面混凝土分离，再用铝模板拆模专用拉杆将其拆除。在拆除过程中，应避免表面掀皮，还应特别注意拆模时墙转角及端头处不产生破损。

6.1.2 体能训练

（1）7：00—7：30　训练选手进行慢跑增加心肺功能。

（2）18：00—18：40　训练选手进行节奏跑增强体能。

（3）18：50—19：30　训练选手进行俯卧撑及仰卧起坐交替训练。

6.1.3 心理辅导

每两周安排一次专职心理教师对选手进行心理辅导，了解选手的心理压力、解决选手现有的心理难题。

6.2 省赛备赛阶段

6.2.1 专业技能训练

在该阶段，专业技能训练包含以下内容。

1. 工作组织与沟通能力

这部分的训练与初赛阶段相同；但要确保选手的这部分能力在不断提升。

2. 图纸识读与放线

（1）图纸识读。

1）训练选手读懂图纸中的细节，这部分容易出错或忽略的地方包括箍筋间距可能有变化、主筋长度也可能不同。

2）训练选手学习并掌握圆弧和多边形等异形图形放线的几何原理，根据图纸在木模板上进行画线，画出圆弧和多边形等异形图形。

3）训练选手识读混凝土结构图纸、钢筋详图，逐步提高选手读图的速度和准确度。

4）训练选手通过使用 CAD、Revit 等深化设计软件对图纸进行深化，将图纸信息转化为三维立体图形，加深对作品的理解，有助于选手更高效地进行模板翻样、制作、加工和组装。

（2）放线。

1）训练选手熟练应用线段的垂直平分线（90° 直角方法）放出垂线，利用三角形边长关系放出 30° 角、45° 角、60° 角、120° 角、150° 角。

2）训练两名搭档选手通过应用不同的放线步骤和不同的分工进行放线，以此增加对图纸的理解，找到最优的分工和放线步骤，提高放线速度和精度。

3）进行放线复核训练。放线结束后，对对角线、外边线、内边线、预留门洞位置线等尺寸进行测量复核；比对理论值，记录下尺寸偏差，总结问题，在后面的训练中逐渐改进提高。

3. 木模板制作与模板安装

（1）指导教师在操作前应让选手熟知所用钢模板或铝模板的模板体系，包括模板的支撑体系、面板体系、连接件等。

（2）训练两名搭档选手进行木模板翻样。根据图纸中的墙体、门洞尺寸和铝（钢）模板的尺寸信息，构建木模板系统，并进一步将其分解为木模板零件（包含每个零件的尺寸和数量），在白纸上勾画出每块木模板的形状和具体尺寸。

（3）根据模板翻样结果计算所需要的木方尺寸及数量。

（4）训练选手利用画线工具在木模板上进行画线，定位切割边缘，做到画线精准无偏差。

（5）训练选手利用台锯、轨道锯、斜切锯等切割工具进行木模板和木方切割，要求误差不超过 1 mm。训练两名搭档选手进行木模板的组装，拼出洞口造型。

（6）训练两名搭档选手合作，进行铝模板（或钢模板）的搭设、木模板的支设，注意模板搭设顺序，并确保模板有安全的支撑。

（7）采用泡沫剂或其他填充材料做好模板之间及模板与地面之间的接缝处理，以防止浇筑时在接缝处出现混凝土漏浆。

（8）让选手充分理解木模板制作与安装对于最终作品质量的重要性及对比赛分数的影响；同时，理解模板搭设的安全规范。

（9）铝（钢）模板安装要满足销钉的间距要求、紧固要求，模板面垂直度要求、标高要求；学习用激光投线仪调整模板的垂直度和水平度。

4. 钢筋加工与绑扎

省赛阶段的选手训练内容和初赛内容基本一致，内容仍然包含：钢筋长度计算、下料、切断、弯曲成型、绑扎。但要求选手完成任务更加快速且准确。可以将制作直钢筋笼作为训练时的任务。

（1）训练选手准确快速地计算所需主筋和箍筋的长度与数量。

（2）训练选手用尺子和画线工具在需要剪断的钢筋上画线，用大力钳在画线处将钢筋剪下来。剪下来的钢筋长度误差为 2 mm。

（3）训练选手用钢筋弯曲器快速进行箍筋的弯曲和制作。训练选手用尺子和角度尺对弯好的箍筋各部分进行量测，记录尺寸误差。

（4）训练选手进行钢筋绑扎，并确定十字花扣、顺扣、兜扣几种不同的钢筋绑扎方法分别用在钢筋笼的哪些位置。一般箍筋 4 个角用花扣或兜扣，其余地方用顺扣。

（5）训练选手按照图纸进行钢筋笼的制作。注意图纸上标注的主筋位置和箍筋间距。要求箍筋和主筋位置偏差在 2 mm 以内，钢筋笼长度误差在 5 mm 以内。

（6）对制作完成的钢筋笼或钢筋进行量测，记录误差，总结误差形成的原因，持续改进。

5. 混凝土浇筑与模板拆除

（1）混凝土浇筑训练。

1）指导教师指导选手将脱模剂涂刷在模板内壁，指导教师须讲解涂刷方法、注意事项并亲自示范。

2）浇筑混凝土前务必确认模板支撑牢固，选手的载人平台搭设牢固。

3）指导教师指导选手使用混凝土振捣棒。指导教师须先讲解振捣棒的使用方法和注意事项，示范操作后方可让选手练习，振捣棒使用前须由指导教师对选手进行安全交底。

4）指导教师指导选手在混凝土浇筑时应分层浇捣，避免漏振、过振等现象，并避免振动棒直接触碰模板。

5）选手如果站在超过 2 m 的脚手架或平台上浇筑混凝土，须佩戴安全带。

6）指导教师指导选手使用抹灰工具抹平浇筑完毕的混凝土表面，用覆盖物进行表面养护。

7）指导教师指导选手及时清理底部泌出的水。

8）浇筑到指定标高位置后，及时抹平混凝土表面，后用塑料薄膜或其他材料覆盖加以养护。

混凝土浇筑、振捣注意事项如下：

1）浇筑混凝土前，应清除模板内或垫层上的杂物。现场环境温度高于 35 ℃时，宜对金属模板进行洒水降温；洒水后不得留有积水。

2）混凝土浇筑应保证混凝土的均匀性和密实性。混凝土宜一次性连续浇筑。

3）混凝土应分层浇筑，分层厚度应不大于振捣棒振捣厚度的 1.25 倍。上层混凝土应在下层混凝土初凝之前浇筑完毕。

4）混凝土运输、输送入模的过程应保证混凝土连续浇筑。

5）混凝土浇筑的布料点宜接近浇筑位置，应采取减少混凝土下料冲击的措施。

6）柱、墙模板内的混凝土浇筑不得发生离析。

7）混凝土浇筑后，在混凝土初凝前和终凝前，宜分别对混凝土裸露表面进行抹面处理。

8）混凝土振捣应能使模板内各个部位混凝土密实、均匀，不应漏振、欠振、过振。

9）振动棒振捣混凝土应符合下列规定：

①应按分层浇筑厚度分别进行振捣，振动棒的前端应插入前一层混凝土中，插入深度不应小于 50 mm；

②振动棒应垂直于混凝土表面并快插慢拔均匀振捣；当混凝土表面无明显塌陷、有水泥浆出现、不再冒气泡时，应结束该部位振捣；

③振动棒与模板的距离不应大于振动棒作用半径的 50%；振捣插点间距不应大于振动棒作用半径的 1.4 倍。

（2）模板拆除训练。拆除模板之前需要指导选手完成以下准备工作：

1）拆模工具准备齐全。

2）确认模板拆除方案和拆除顺序。例如，是墙内外侧模板同时拆除，还是只拆除外侧模不拆除内侧模。

3）两名搭档选手的具体分工和各自的工作内容。

当混凝土达到一定强度时，训练选手按照预定的顺序进行模板拆除，拆除时注意事项如下：

1）应用专门模板工具进行拆模，不能硬拆、硬撬；

2）在拆除门洞木模板时，先用切割机锯割木模板，锯割时要调整好切割机锯片的深度，以免锯割到金属模板；

3）拆除的金属模板应及时冲刷掉其沾黏的混凝土，并将冲刷干净的金属模板按照不同配件归类堆放。

4）模板拆除完毕后，应及时打扫场地、确保场地整洁。

（3）模板拆除后，对混凝土表面进行检查。

1）拆除后如发现混凝土面有质量缺陷，应及时进行修复，必要时需要对修复后的混凝土面继续进行养护。

2）指导教师指导选手对拆模后的混凝土面进行测量，记录混凝土面的平整度、垂直度、墙体厚度等参数，与要求的精度进行对比，如果有偏差，应记录下来并分析原因，后续持续改进。

3）指导教师应就每次的混凝土面的缺陷（蜂窝麻面、漏浆，烂根等）与选手一一分析原因并提出改进措施，记录在案，后续加以改进。

6.2.2　体能训练

（1）7：00—7：30　进行慢跑增加心肺功能。

（2）18：00—18：40　进行节奏跑增强体能。

（3）18：50—20：00　进行适重训练。使用铝、钢模板采用双人抬举或单人抬举等方式进行适重训练。

体能具体训练计划由训练基地视条件自行制定。

6.2.3 心理辅导

每两周安排专职教师对选手进行心理辅导，了解选手的心理压力和现在遇到的心理难题。想办法解决选手面临的压力和难题。

6.3 国赛备赛阶段

6.3.1 专业技能训练

在该阶段，专业技能训练包含以下内容。

1. 工作组织与沟通能力

在接到比赛任务时，两名搭档选手迅速进行分工，确定各自任务，并在需要两个人同时作业的方面进行有效合作，将各自特长和优势进行有效合理地组合，将比赛时间合理化分配，保证有效利用，以在规定时间内出色完成工作任务。

赛场上，两名搭档选手之间需要进行紧密合作，默契配合，彰显团队的合作精神。搭档之间有效的沟通和交流是顺利完成赛事的重要前提与必要条件。除此之外，赛场上一旦遇到意外，需要选手冷静处理，将问题及时报告专家组，等待裁决；此时也需要选手具备与专家组及翻译进行有效沟通和交流的能力。

2. 图纸识读与放线

（1）图纸识读。

国赛备赛阶段，图纸识读方面的训练应在初赛和省赛备赛阶段训练的基础上，提高选手对图纸细节识读的准确性及图纸识读的速度。同时，还应训练选手将图纸内容转换为接下来工作内容（如模板数量、模板形状）的速度。训练时，可以通过倒计时的方法来掌握选手读图的速度，可以通过将读取的内容进行记录以核实识读内容是否准确且详尽。另外，该阶段应训练选手学习三维建模，将图纸上的设计信息转变成三维模型，使选手更加准确深入理解图纸上的信息。

（2）放线。

1）训练选手应用三角函数、几何图形知识，掌握各类异形（如圆弧和多边形等）图形的作图方法，能在场地进行异形图形的放线。

2）指导教师指导选手在放线前使用相关工具（如水平仪、数显水平尺）检查该

区域地坪平整程度，找出最高位置作为工位的基点（±0.00）。平时训练时尽量将平整好的区域作为工位，可以减少标高调整工作量，以及避免底部不平整导致的混凝土漏浆。

3）当放线数量较多时，可按图纸分部、分项进行放线，做好两名队员的分工合作。

4）指导选手在放线时应考虑“先后顺序”，通常先依据场地的边界线确定作品的定位轴线，再依次确定墙边线和控制线，注意作品朝向和图纸要求一致。用墨斗依次弹出上述线后，再在墙体内外边线上，打入短钢筋头。

5）进行放线复核训练。放线结束后，将对角线、外边线、内边线、预留门洞位置线等尺寸进行测量复核；与理论值比较，记录下偏差尺寸，并与评分要求进行对比。如发现尺寸偏差过大应尽快擦除线迹重新放线。

6）指导选手在弹好的墨线上向地面打入短钢筋头进行关键点定位。关键点主要包括墙的内外边线和转角。这些短钢筋头用以支设模板的定位，防止模板在水平方向上移动。

3. 模板制作与安装

（1）木模板加工制作。木模板制作分为预留门洞的木模板制作、金属（铝或钢）模板封口的木模板制作，以及混凝土墙面造型的模板制作。

1）预留门洞的木模板制作。

①继续训练两名搭档选手进行木模板翻样。根据图纸中的墙体尺寸、门洞尺寸和铝（钢）模板的尺寸，构建门洞处木模板系统，并进一步将其分解为木模板零件。训练选手应用三维建模软件。

②指导选手用三维建模软件将门洞模板系统进行三维建模，如异形门洞的内外圈尺寸、接口处的切割角度等。建模时须考虑门洞处木模板上开设对拉螺杆孔。将建好的三维图形打印出来作为后续模板放样的依据。

③指导选手在木模板上进行画线放样，做到画线精准无偏差。

④训练选手利用切割工具进行木模板切割下料，切割时要确保工具掌控稳定，切出的模板切面平顺，尺寸误差不超过 2 mm。

⑤训练两名搭档选手将单块木模板进行拼装，组成模板组件，拼成洞口造型。要求混凝土浇筑面所在的模板面拼缝处光滑无肋痕。

⑥弧形面制作时，需要将木模板在厚度方向开槽口；此时需要对槽口深度进行多次尝试，以可实现弧面且板不断为目标。开槽口后的弧面板长较未开槽口前有所增大，需进行测算，以确保弧形尺寸的精确。多练习是保证弧形面制作精确的必不可少

的条件。

2）金属模板封口处木模板制作。

①指导选手进行金属模板封口处的木模板翻样，构建模板系统，提前设计好此处木模板与金属模板连接处位置和连接细节。

②进行木模板的配置，确定木模板的数量和每块木模板的形状与尺寸。

③在原始木模板上进行放样画线，然后用切割工具进行木模板的切割。切割工具掌控须平稳，模板切割面应顺滑，切割精度要控制在 2 mm 内。

④将单块木模板进行拼装，形成模板组件。要求混凝土浇筑面所在的模板面拼缝处光滑无肋痕。

3）其他造型制作。其他造型包括各类图案，比如汉字、字母、知名建筑轮廓等（见附录 2.5 图纸）。造型会涉及直线、曲线；有些造型是通透的，有些是凹陷的；还有些造型是变截面的。这些造型的制作都大大增加了木模制作的难度，但也是本项目成型后作品的主要观赏点。

选手在训练时，除了会熟练使用斜切锯、轨道锯、曲线锯等木工加工设备外，同样应通过三维建模来理解造型的尺寸和构造，包括切割角度的确定、弯曲处开槽深度确定、弯曲处塞紧夹条尺寸的确定等。多次的实践操作仍是必不可少的。

（2）金属模板安装。指导教师应提前了解国赛采用的金属模板体系，然后向选手讲述该模板体系的组成和搭建时的注意事项。训练内容如下：

1）指导教师带领选手学习和梳理该套金属模板体系、理解模板组件构成，形成模板安装方案。安装方案包括各组件安装顺序、安装流程、各组件之间连接细节确定和保证安装过程安全的措施。

2）指导选手在安装模板前准备好所有所需的工具。

3）指导两名搭档选手合作，进行金属模板安装，视需要将木模板组件适时放入，注意模板搭设顺序，并确保模板有可靠的支撑。金属模板的支撑由横楞和竖楞构成，应先安装横楞后再安装竖楞，最后安装与地面连接的斜撑部件，安装时要注意穿过墙体模板的对拉螺杆的紧固度，松紧对拉螺杆来调节内外两块模板之间的距离，也即墙厚。斜撑用来调节墙面模板的垂直度和标高。

4）指导选手应用直尺、线坠、激光投线仪等工具进行模板安装后的精度检查，包括墙体长宽尺寸、墙体厚度，墙体标高和垂直度；控制误差在要求范围内。

5）指导选手采用泡沫剂或其他填充材料做好各块模板之间，以及模板与地面之间的接缝处理，以防止混凝土浇筑时在接缝处出现漏浆。

6）指导选手在模板内壁涂刷脱模剂；脱模剂涂刷应均匀。

4. 钢筋加工与绑扎

国赛阶段的选手训练内容和省赛内容基本一致，内容仍然包含钢筋长度计算、下料、切断、弯曲成型、绑扎、钢筋笼制作。可以将制作主筋有弯起钢筋且有箍筋加密区或箍筋间距多变的钢筋笼作为该阶段的训练任务。除省赛阶段的训练内容在此阶段仍然继续外，还需要注意国赛钢筋图更复杂，选手准确无误地执行和呈现图纸内容需要具备更多技能：

（1）快速识别图纸上不同类别和不同形状的钢筋，按照类别（主筋和箍筋）将钢筋进行罗列，罗列的内容有钢筋牌号、钢筋尺寸、钢筋数量等。

（2）主筋可能有弯起钢筋。此时需要选手仔细计算钢筋总长度，箍筋可能出现间距多变，需仔细计算箍筋数量，在摆放箍筋时可在主筋上提前，做好摆放记号。这些在平时训练中要多加练习，做到熟能生巧。

（3）在绑扎弯起钢筋时要使用好临时支撑和临时绑扎固定，确保弯起钢筋起弯点的位置准确。

（4）箍筋弯钩位置应符合图纸要求。

（5）保护层垫块应放置在模板支设面，并套在箍筋上。

5. 混凝土浇筑与模板拆除

（1）混凝土浇筑。

国赛备赛阶段，混凝土浇筑的训练除省赛阶段内容外，更需要保证混凝土尺寸、表面、标高、研究混凝土浇筑质量的控制：如拆模后混凝土表面的质量，混凝土墙的垂直度、标高、平整度等。在省赛备赛的基础上，将每次浇筑的经验或教训进行总结，对出现的质量问题提出改进措施，不断提高混凝土浇筑质量。

（2）模板拆除与混凝土面处理。

国赛备赛阶段，模板拆除与混凝土面处理的训练内容与省赛基本一致，对于特定的国赛模板体系，拆除时可能有一些特殊的注意事项，在训练中需要特别加以注意。另外，在模板拆除中，国赛备赛阶段更要训练选手的速度（采用计时方法），并特别关注拆模过程对混凝土浇筑面质量的影响。

总结每次训练的经验和不足，不断提升拆模速度及减小拆模对混凝土面的影响。

6. 针对性练习

针对性练习是针对国赛进行的一些训练，是大赛前的技能磨炼，同时，也是临赛前心理素质的磨炼。针对性练习包括以下内容：

（1）对往届选拔考核赛题进行分析，并对其进行针对性训练，优化各模块比赛流程，提高各模块加工精度和速度，逐渐进入比赛状态。

（2）兄弟院校交流走训，适应各种环境与设施设备等，提升心理素质与临场应变能力。

（3）总结走训经验并转化成自己的技能；优化作业流程，优化搭档工作的配合和衔接，找到比赛节奏。

（4）对每次训练完成的作品按照国赛评分标准进行量测，记录误差，分析误差产生的原因，寻找减小误差的方法，做到每次训练的作品都比上一次有所提高。

6.3.2 体能训练

（1）6：30—7：20 进行慢跑增加心肺功能。

（2）18：00—18：40 进行节奏跑增强体能。

（3）18：50—20：00 进行适重训练。使用金属模板，采用双人抬举或单人抬举等方式进行适重训练。

体能具体训练计划由训练基地视条件自行制定。

6.3.3 心理辅导

由专职教师对选手进行心理辅导，了解选手的心理压力和现在遇到的心理难题。面对大型比赛，选手难免紧张，消除紧张感需要从平时针对性练习做起，同时也要加以心理辅导，确保大赛中选手能稳定发挥。

6.4 世赛备赛阶段

6.4.1 专业技能训练

世赛备赛阶段，除训练国赛备赛阶段的内容外，还需要将了解世赛理念、世赛比赛规则作为重点培训内容，可以参见本书前 5 章进行学习。避免在无意中触犯规定而造成损失是备战世赛中非常关键的内容。同时，还需要仔细阅读世赛的设施设备清单，分析世赛提供的场地、设备工具，尽量做到平时选手训练时的工具与世赛工具一

致，如果不一致，需要了解清楚是否可以将自己的工具带到赛场使用；如不可以，应了解世赛工具与平时选手用的工具的区别，做到赛场上工具使用起来得心应手。

1. 工作组织与沟通能力

世赛比国赛更需要选手之间紧密合作，默契配合，以求以最快速度和最高质量完成预定的各模块内容；在与裁判组或翻译沟通中，也力求高效准确。只有这样，才能保证四天的比赛可以更加顺利，不会因组织或沟通问题影响选手正常水平的发挥。

除国赛阶段的内容外，在本阶段，还需要增加专业英语的培训。选手可以理解赛场上的对话并用英语表达自己的需求。具备基本的英语应用能力，可以帮助选手理解赛场上技能经理和首席专家发出的一些要求和指令；虽然有翻译同行，但有些专业的信息，选手比翻译会更敏感地获取，有利于比赛的顺利进行。同时，能在赛场上听懂英语也可以让选手更好地融入赛场环境、减轻身处异国他乡产生的陌生感，有助于缓解紧张情绪，保证临场发挥稳定。

2. 图纸识读与放线

除国赛阶段的内容继续进行训练并加强速度和精度外，在本阶段，更需要将世赛的评分标准进行研究（见第 5 章）。了解评分标准，围绕扣分点加强训练，减少扣分。

同时，安排英语老师训练选手识读以往几届的英文版图纸。英语老师将图纸上的专业词汇进行汇总，先从单词入手，再到句子，然后结合图纸表达，对选手进行训练，最终达到选手可以识读英文图纸的目的。

3. 模板制作与安装

除国赛阶段的内容继续进行训练并加强速度和精度外，在本阶段，要用世赛指定的模板体系进行模板相关的训练。

以往几届世赛均采用了多卡公司的模板体系。因多卡公司的模板体系在持续改进升级，因此，每届世赛所采用的模板体系也会不同。因此在备赛中，指导教师需要了解并掌握本届世赛的模板体系，并将该模板体系的组成及搭设要求与选手进行交流学习，再进行模板的安装练习。

（1）木模板（包括预留门洞、造型模板和金属模板封口模板）制作。该部分的训练内容除继续国赛的训练内容并不断加强精度和速度外，还特别需要留意门洞及造型的形状。门洞及造型形状在赛前 1~3 个月公布，具体细部尺寸一般会在 C-2 当天进行细微调整。

门洞造型一般与比赛城市的建筑风格有关，如喀山世赛采用了清真教教堂的洋葱头（图 6.7）。提前了解，可以让选手提前对这一类的门洞的模板制作进行准备。

在第 46 届特别赛中，没有门洞造型，而是用木模制作了一面 1.2 m 高的矮墙。其中有一个八卦造型，需要用木模制作出来，如图 6.8 所示。

图 6.7　第 45 届喀山世赛的门洞

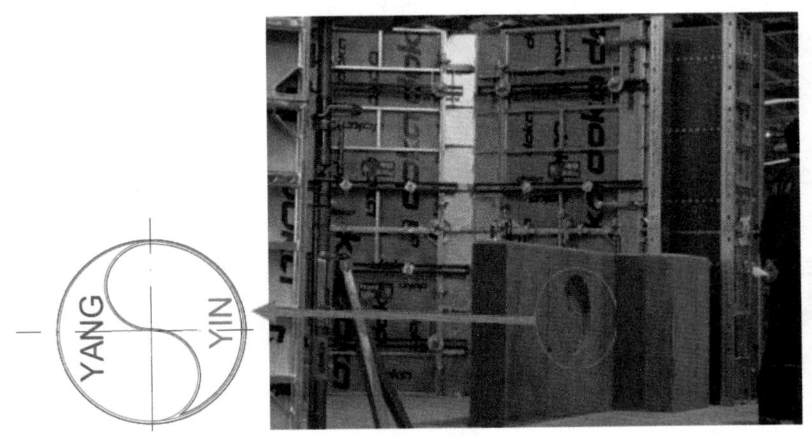

图 6.8　第 46 届特别赛中的八卦造型

（2）模板安装。

1）指导教师指导选手根据提供的标高控制线进行模板安装，如地坪高差太大或极不平整，应采取有效措施，保证其标高尺寸。

2）指导选手学习世赛模板的组成及模板拼装流程、注意事项等。

3）指导选手在安装世赛模板过程中要不断进行垂直度的观测与控制，以免到全部拼装完成后发现过大的偏差而很难校正。

4）拼装完成后应全数检查所有紧固件，确保混凝土浇捣时模板不胀模变形。

5）模板拼装完成后可能还需要搭设脚手架平台，用于选手站立其上进行混凝土

浇筑。

6）在原有基础上，指导选手继续提高拼装速度和精度。

4. 钢筋加工与绑扎

世赛阶段的训练内容和国赛内容基本一致，内容仍然包含钢筋长度计算、下料、切断、弯曲成型、绑扎、钢筋笼制作。也有可能世赛只需要将箍筋和主筋进行绑扎形成钢筋笼。保持国赛阶段的训练内容并继续提升速度和精度。如前所述，充分学习并了解世赛在这一部分的评分规则仍然很重要。

5. 混凝土浇筑与模板拆除

（1）混凝土浇筑。除继续国赛的训练内容外，此处还需要了解世赛是否有些特别的规定会影响到本环节。例如，在喀山世赛中，模板与地面间隙不允许采用 PU 剂进行填充，因为有专家提出 PU 剂会伤害人的肺部，而使用绿色环保健康材料是世赛一贯提倡并遵循的原则。这个细节会影响到地面是否会漏浆。

除此之外，研究世赛的评分标准非常关键。例如，在喀山世赛中，有些国家队因为模板没有完全搭设好或对模板体系没有足够的信心而放弃混凝土浇筑，这个决定只是让他们少得了混凝土造型部分的分数，但如果贸然地浇筑混凝土则可能引发胀模，如此不仅会失去混凝土部分的分数、还会失去模板部分的分数。因此，熟练掌握评分标准中每一项标准可以在赛场上根据实际情况及时调整比赛策略，争取在现有的情况下取得最高的分数。

其他国赛训练内容还是继续进行，包括分层浇筑的速度控制、振捣棒的使用。在这些训练环节中继续要求选手精度高、速度快。对于每次浇筑后显现的混凝土质量进行经验和教训的总结，提出改进方案，持续改进。

（2）模板拆除及混凝土表面处理。

1）指导选手确定拆模的顺序，确保安全和高效。

2）指导选手使用世赛模板的专用拆除工具进行模板的拆除；不可用其他工具来替代。

3）指导选手在拆除门洞模板时，不要用力过猛，防止棱角脱落。

4）指导选手对发现的混凝土表面缺陷及时修补和养护。

5）指导选手及时起掉拆除下来的木模板上的钉子，及时清理模板上的混凝土残渣，将钢模板、木模板、方木等材料分类堆放整齐。

5）将工位区域打扫、清理干净。

6.4.2 体能训练

继续国赛阶段的体能训练。

6.4.3 心理辅导

每周安排专职教师对选手进行心理辅导，了解选手的心理压力。站到世赛赛场的选手已经经过了很多轮的选拔，选手心理素质应是比较好的。但面对世赛这样重量级的比赛，选手难免也会出现情绪波动。因此，在备赛过程中，及时进行心理疏导，给选手释放压力是非常重要的，这是确保选手在比赛期间发挥稳定的重要条件。

第 7 章　混凝土建筑项目的赛事准备

7.1　场地准备

7.1.1　比赛场馆

混凝土建筑项目比赛是在室内进行，对场馆的要求详述如下。

1. 场馆高度

场馆高度要满足以下要求：

（1）大型材料（如模板）进场的运输要求（叉车、卡车）。

（2）混凝土运送车的进场要求。

（3）混凝土泵车在浇筑混凝土时伸臂的高度要求（图 7.1）。

（4）高空作业时的作业空间要求。

2. 场馆内通道的宽度

场馆内通道的宽度要满足以下要求：

（1）材料运输进场时车辆（混凝土运送车、混凝土泵车、其他运送物品的卡车）的通行及转弯时的路面宽度要求（图 7.2）。

（2）材料堆场、设备或垃圾箱等物品放置的要求（图 7.3）。

图 7.1　场馆高度

图 7.2　场馆通道宽度要求（一）

图 7.3　场馆通道宽度要求（二）

3. 场馆平面布局

（1）场馆平面布局要考虑以下区域：

1）比赛区域（即工位）；

2）专家会议室；

3）选手休息区；

4）物料堆放区；

5）贵重设备仓库（可兼做场地经理室）；

6）普通物品存储仓库；

7）消息发布区；

8）茶歇区；

9）医疗物品区；

10）国内的市级、省级、国家级等比赛还需要考虑签到、抽签这些环节所需要的区域。

（2）布局的注意事项如下：

1）办公区的位置尽量不要挨着工位，因为作业时工位上粉尘多、噪声大，会影响到专家们在办公区内讨论问题。专家区域最好采用封闭隔断，最好做成有隔声效果的空间；

2）材料堆放区的大小要考虑需要堆放的材料数量和体积。

如图 7.4 所示为喀山世赛的场地布局图。

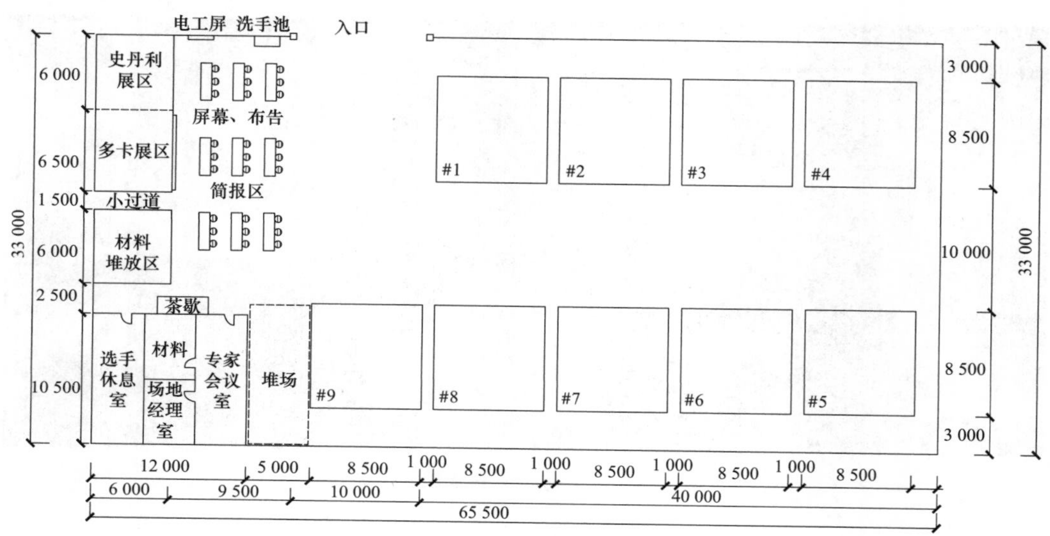

图 7.4　喀山世赛的场地布局图

说明：1. 游客通道宽度 2 m；2. 大门宽度 10 m；3. 比赛工位共 9 个，每个尺寸为 8.5 m×8.5 m。

4. 地面（楼面）承载力的要求

地面（楼面）承载力应考虑以下几个方面的要求：

（1）地面（楼面）能承受混凝土泵车在进场、浇筑及退场时产生的压力。

（2）地面（楼面）能承受每个工位进行模板搭设及混凝土浇筑时的荷载。

5. 场馆内水、电及其他设施的要求

（1）水：在场馆入口处或某一公共区域需要提供至少一个盥洗水池，用于赛场人员进行洗手或其他必要的洗刷。如图 7.5 所示为世赛场馆内的水槽。

（2）电：参考设备用电而定。用交流电的设备主要有台锯、混凝土振捣棒。其余的设备几乎均为带电池工作，每个工位需提供充电电源。

（3）网络：专家需要进系统进行登分或下载一些必要的文件，因此专家区需要提供网络。其他区域是否需要网络视具体情况而定。

（4）摄像装置：根据比赛要求，需要在赛场安装监控摄像装置。摄像应覆盖每个工位的每个角落。摄像传输系统及终端存储装置也需要统一安装。

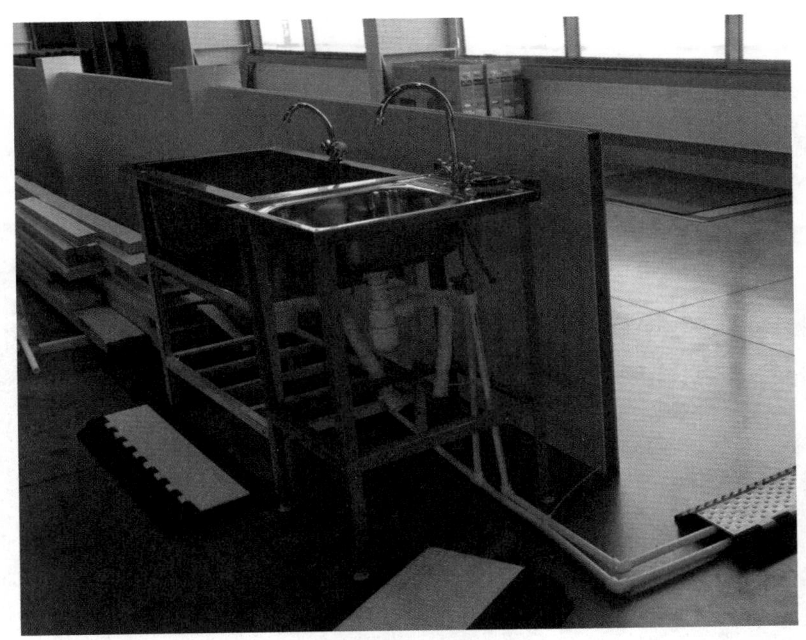

图 7.5　世赛场馆内的水槽

7.1.2　工位准备

选手的比赛在工位上进行，因此，工位的大小是至关重要的。除此之外，工位的平整度也是需要考虑的一个关键要素。

1. 工位尺寸

混凝土建筑项目需要为每队参赛选手准备一个工位，每个工位之间要有至少 0.5 m 的间隔。具体的工位尺寸及其四周空间的大小的确定应考虑以下因素：

（1）比赛试题所要求的作品尺寸；

（2）需要摆放在工位及工位周边的材料、设备、工具箱的尺寸；

（3）选手比赛时的作业空间及在作业区行动时的空间要求；

（4）场馆可提供的空间。

在划定作业区、物料堆放区、设备使用区时，应考虑到这些区域位置的关联性，应遵循让选手在比赛时作业和取用物品方便、节约时间、提高比赛效率的原则。如图 7.6 所示为喀山世赛中工位上比赛材料的堆放。

在第 45 届喀山世赛中，每个工位尺寸是 8.5 m×8.5 m。作品的平面尺寸在长度方向约为 6 m、宽度方向约为 4.5 m，工位空间略为局促。

在实际比赛和训练中，工位大小应酌情调整，充分考虑上述各项因素，并尽最大可能做到让选手作业方便，提高作业效率。

图 7.6　喀山世赛中工位上比赛材料的堆放

2. 工位平整度

因选手在搭设模板完成后需要浇筑混凝土，而初始混凝土处于流动状态，工位不平整度会导致混凝土浇筑时水、细砂、细石从底部渗出，从而影响到混凝土墙体底部的质量，因此，要求工位尽可能做到平整，工位平整度要求可参考欧洲规范，见表 7.1。

表 7.1　场地平整度要求

测量点的距离 /m	平整度偏差最大不超过 /mm
0.1	5
1.0	8
4.0	12
10.0	15
15.0	20

在表 7.1 中，测量点的距离和平整度偏差如图 7.7 所示。

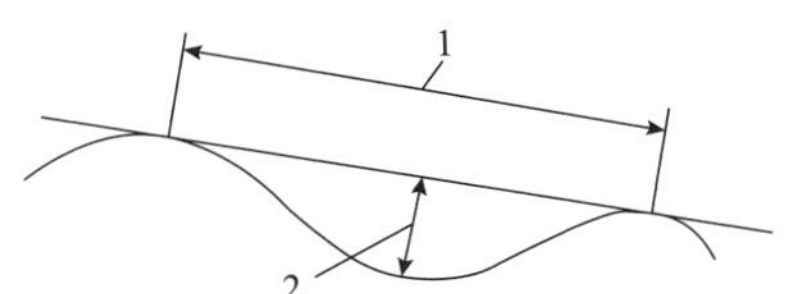

图 7.7　场地平整度示意

1—测量点的距离；2—平整度偏差

7.2　设备工具耗材准备

赛项的设备工具可分为选手自带设备工具和场地准备设备工具，除设备工具还有专家需要的文具。很多设备工具需要备用一套，放置在材料堆场、赛场仓库或场地经理办公室。

7.2.1　主要设备工具

本项目所涉及的设备工具较多，主要的一些设备工具见表 7.2。场地准备的设备工具清单会在世赛网站上公布，这个清单被称为设施设备清单，也被称为 IL 清单（Infrastructure List，IL）。IL 清单会在赛前一年公布，但这时很多项还处于待确认项。这些待确认项会逐步被确认，直到比赛前一个月全部得到确认。对于大型设备或关键设备，需要有设备供应商的技术支持人员在场，以便出现问题及时维修。

表 7.2　主要设备工具一览表

序号	设备名称	序号	设备名称
1	台锯	14	轨道切割机
2	数字倾角水平尺	15	曲线锯、手工锯
3	电钻	16	羊角锤
4	吸尘器	17	制图用具（含卷尺、曲尺、分度器、圆规、地规、直尺、丁字尺等）
5	电动扳手	18	安全护具（安全鞋、安全手套、口罩、护目镜、耳罩等）
6	混凝土振捣棒	19	木工铅笔
7	人字形梯子	20	木工夹
8	红外线激光水平仪	21	脱模剂、养护剂喷涂工具
9	模板系统	22	数显水平尺
10	木模板、木方	23	数显角度尺
11	脱模剂	24	数显游标卡尺
12	钢筋	25	钢卷尺
13	线坠	26	抹灰用工具

设备工具的分类及主要设备介绍和使用方法详见附录 1。

7.2.2　混凝土浇筑设备

1. 混凝土泵车

混凝土浇筑用的泵车和搅拌车是场地方准备的。泵车高大臂长，浇筑时声音隆隆作响，成为本项目的一大看点。混凝土浇筑通常在比赛的第二天或第三天进行。

确保混凝土顺利浇筑是本赛项顺利进行的关键环节。以下是这一环节中需要关注的几个方面：

（1）混凝土泵车的选择。选择混凝土泵车时，需要考虑以下几个因素：

1）场馆高度、地面承载力和通道可以满足车辆运行与泵送的要求；

2）混凝土泵车的容量至少满足同一次浇筑的混凝土质量的需求；

3）泵车泵送高度满足混凝土浇筑高度的要求；

4）混凝土浇筑通常需要在一天内完成。因此，对于工位比较多（超过 10 个）的比赛，需要配备两台泵车同时浇筑。

泵车因其体大量重，是赛场准备中需要关注较多的一项设备。泵车进场是缩臂状态，在浇筑混凝土时，其臂展开。因此，场馆空间必须能包容开展后的泵车臂长。另

外，浇筑时泵车支腿的局部压力很大，需要场馆地面有足够的承载能力。

相对于实际的项目施工，比赛所需混凝土量较少，通常用小型的泵车即可满足要求。根据目前了解，臂长 37.5 m 属于小型泵车，可以作为办赛时的参考。

（2）混凝土运送车辆的路线。混凝土运送车辆的路线必须提前规划并在正式比赛前试运行，确保车辆路线的顺畅，并记录下混凝土从出混凝土搅拌站到赛场的时间。如果路线长，还要考虑可能遇到的不同路况导致的运送时长的增加。

（3）混凝土运送时长。根据每个工位预先设定的混凝土浇筑时间而定，同时要考虑运送时长对混凝土材料的影响。因为混凝土在凝固前属于胶状物质，运送时长会影响到混凝土的和易性和浇筑质量。在条件允许的情况下，给每个工位进行混凝土浇筑前，可以对使用的混凝土做坍落度试验，满足坍落度要求的混凝土方可使用。

如图 7.8 所示为广州举办的第一届国赛时混凝土泵车浇筑混凝土现场。

图 7.8　混凝土泵车浇筑混凝土（第一届国赛）

对于小型比赛或平时训练，也可采用料斗机进行混凝土运输和浇筑，如图 7.9 所示。

图 7.9　料斗机浇筑混凝土（第 46 届世赛上海选拔赛）

2. 混凝土搅拌车

对于世赛或国赛，每个工位配备的混凝土大概在 5 m^3 以内。安排搅拌车（图 7.10）时可以安排一辆合适容量的搅拌车，保证一车至少够一个工位混凝土的浇筑。搅拌车的数量一般按照工位数及每个工位混凝土的体积量确定。

图 7.10　混凝土搅拌车

7.2.3　零星工具

1. 梯子

梯子一般要求有三种高度，一种为可折叠式，最高 4 m；另外两种不可折叠，高度分别为 2.5 m 和 1.5 m。梯子是选手登高进行楼板模板安装或上到 3 m 高平台时需要的，如图 7.11~ 图 7.13 所示。

2. 垃圾桶、盆

在喀山世赛中，每个工位都准备了一个大号（360 L）的垃圾桶，用来装建筑垃圾，如图 7.14 所示。除此之外，还给每个工位准备了三类不同用途的工具盆，如图 7.15 所示。

（1）250 L 垃圾盆：用来装木模板加工产生的木屑。

（2）100 L 工具盆：用来装拆模板的一些零件。

（3）250 L 工具盆：用来装清理混凝土表面的零星工具。

图 7.11　世赛场上的梯子

图 7.12　选手通过长梯子攀到平台上进行混凝土浇筑振捣

图 7.13　选手站在矮梯子上搭设上部平台

图 7.14　每个工位前面的大号垃圾桶

图 7.15　各种装工具（或垃圾）的盆

3. 运输工具

每个工位需要准备一个独轮小车，如图 7.16（a）所示，用于给每个工位运送工具材料或运送赛后的垃圾。另外，整个赛场应准备 2~3 个液压式推车，如图 7.16（b）所示，用于运输赛场上的重物或大件的工具材料。

（a）　（b）

图 7.16　世赛场上的运输工具

（a）独轮小车；（b）液压式推车

4. 个人防护用品（PPE）

本项目的个人防护用品主要有安全帽、安全背带、安全靴、耳塞、防尘口罩。赛事方需要配备的防护用品数量应满足选手的需要。其中，安全帽和安全鞋的数量还应满足赛场上裁判专家和场地经理团队的需要；耳塞尽量多配备，可放置在赛场边缘，供观众等需要的人自取。

除此之外，还需要配备医生和医疗急救箱，以防止比赛中选手出现意外实施急救。

7.2.4　耗材

耗材都是场地方准备。本项目耗材主要有木材、钢筋和混凝土。

1. 木材

木材可分为木方、木板及胶合板，如图 7.17 和图 7.18 所示。

木方和木板用来作为平台板、围栏板或堵头用的模板支撑，如图 7.19 所示。胶合板用来制作门洞口的模板，如图 7.20 所示。

图 7.17　木方和木板

图 7.18　胶合板

图 7.19　平台的踏步板及围栏板

图 7.20　胶合板用于制作门洞模板

2. 钢筋

钢筋可分为主筋和箍筋。在喀山世赛中，场地方将箍筋提前弯折加工好，主筋提前切断好，放置在每个工位处，如图 7.21 所示。选手只需要按图纸将主筋和箍筋绑扎在一起，做成一个钢筋笼。

在 2020 年第一届全国技能大赛和 2023 年第二届全国技能大赛中，场上准备的全部是直钢筋。选手需要根据图纸尺寸进行钢筋的下料切割、箍筋的弯折，最后再将主筋和箍筋进行绑扎形成钢筋笼，如图 7.22 所示。

图 7.21　赛场上加工好的钢筋（第 45 届世赛）

图 7.22　选手绑扎钢筋（第一届国赛）

3. 混凝土

混凝土浇筑一般在比赛的第二天或第三天进行，混凝土可采用 C25 或 C30。考虑到很快就要拆模，混凝土通常需要添加早强剂，并且要求混凝土有较好的流动性。

7.2.5 办公用品及文具

赛场除比赛用具外，还需要用到很多办公用品和文具。这些办公用品多是专家们用来开会讨论或评分使用。如计算机；打印机和打印纸（A3 和 A4）；白板（供专家们讨论问题时书写用）；文具（铅笔、各色水笔、记号笔、橡皮、剪刀、胶带等）；喇叭、音响、时钟；各类柜子（用于储存放置备用器材、专家选手们更换的衣服等）；各类桌子和椅子（用于专家室、选手室、开会区）；生活用品，如饮用水机、咖啡机、茶歇等。

7.3 安全准备

要确保赛事的顺利进行，首先要保证整个比赛过程的安全。本项目需要采取的安全措施有以下几个方面：

（1）高空作业的安全措施。根据我国的施工规范，高度超过 2 m 的施工作业即高空作业，需要选手系安全带。场馆内要准备安全带及悬挂安全带的吊点。

（2）选手自身安全措施。鞋底绝缘；使用台锯时不戴手套；穿好个人防护物品（安全鞋、安全帽、安全眼镜）；佩戴听力保护装置。

（3）场内人员的安全措施。穿好个人防护物品（安全靴、安全帽、安全眼镜）。

（4）对赛场每个人员进行安全交底（包括安全宣传、注意事项，并签字留档）。

7.4 文档资料准备

对于国内的赛事准备，一般需要准备以下文档资料：

（1）提前打印好比赛试题，A3 纸打印，每组选手一份；

（2）评分表，份数根据裁判分组而定。如裁判分为两组打分，则需要准备两份；

（3）赛务手册；

（4）安全交底文件、安全确认书等；

（5）裁判公正执裁的承诺书；

（6）其他赛务要求的文档，如选手签到表、裁判签到表、工位抽签表、赛场情况记录表等。

7.5 人员准备

组织本项目的赛事需要一个团结协作的团队。该团队由赛事经理负责，团队至少需要配备以下人员：

（1）赛事组织经理：负责一切赛事遇到的问题，包括并不限于：

1）合理有效组织赛项的各个环节，满足赛事要求的时间节点，保证赛事按时顺利进行。

2）邀请并组建裁判团队。

3）配合专家组准备赛题。

4）指导场地经理准备比赛场地和工具设备。

5）制定比赛规则。

6）制定评分规则。

7）组织赛后的评分及登分。

（2）场地经理：负责准备场地及比赛所用到的一切设施设备、工具、材料。

（3）赛场保障团队：负责与其他部门协调，保障用水、用电、网络的敷设和运行；比赛安保和医疗等。

（4）文档打印、登分人员。

（5）电工：比赛时需要在赛场一直待命。

（6）医生：比赛时需要在赛场一直待命。

（7）关键设备的技术支持人员：在设备使用阶段需要在赛场待命。

（8）混凝土输送人员：在混凝土输送和浇筑阶段待命。

（9）场地清理人员：每日比赛结束，需要将当天产生的垃圾及时清运出去，保证赛场的干净、整洁。

第8章　总结

本书对世界技能大赛混凝土建筑项目进行了系统的描述。其内容分为以下几个部分：

（1）世赛及其赛场规则。

（2）世赛混凝土建筑项目简介。

（3）选手应具备的技术能力和职业素质。

（4）比赛内容和时间安排。

（5）职业标准及评分体系。

（6）混凝土建筑项目的训练。

（7）混凝土建筑项目的赛事准备。

（8）本项目比赛用设备工具（附录1）和历届比赛试题图纸（附录2）。

本书旨在为世界技能大赛混凝土建筑项目的参赛选手提供一本入门的培训书籍，同时，也为国内各院校准备该赛项相关赛事提供一份办赛指南。除此之外，本书也可以作为土木类学生进行专业实训的训练指导书。

除阅读本书外，开展本项目技能竞赛还需要配合下列规范和文件一同使用。

（1）《WSC2021_WSOS46_Concrete_Construction_Work》；

（2）《混凝土结构工程施工规范》（GB 50666—2011）；

（3）《建筑施工模板安全技术规范》（JGJ 162—2008）；

（4）《混凝土结构工程施工质量验收规范》（GB 50204—2015）；

（5）《预拌混凝土》（GB/T 14902—2012）；

（6）《组合铝合金模板工程技术规程》（JGJ 386—2016）；

（7）世界技能竞赛混凝土建筑项目技术说明；

（8）世界技能竞赛混凝土建筑项目题目要求；

（9）世界技能竞赛混凝土建筑项目评分标准；

（10）世赛模板体系相关资料。

附录 1　比赛用设备工具介绍

1.1　设备工具清单

本赛项涉及的主要设备工具清单见附表 1.1～附表 1.6。

附表 1.1　测量和放样工具

名称	技术规格
激光投线仪	自选
数显水平仪	自选
数显角度尺	自选
墨斗、墨线	自选
钢直尺	自选
绘图工具	自选，含圆规、铅笔、画针
塔尺	自选
水平尺	自选
钢卷尺	自选
钢直角尺	自选
线坠	自选

附表 1.2　木模板加工设备

名称	技术规格
插电式台锯	功率 >2 000 W；最大切割厚度为 85 mm
充电式电钻	自选
充电式轨道锯	自选，含两条轨道
插电式曲线锯	自选
充电式马刀锯	自选
手提式切割机	自选
拉杆型材切割机	自选
起子机	自选
手锯	自选
木工锤	自选
木工夹	自选
数显游标卡尺	自选

附表 1.3　钢模板搭设工具

名称	技术规格
铝模装拆专用工具	普通 / 铝模厂家配套
电动扳手	自选，含配套套筒
激光投线仪	含脚架，可带激光接收器
数显水平仪	自选
数显角度尺	自选
撬棍	自选

附表 1.4　混凝土浇筑用工具

名称	技术规格
振捣棒	棒头直径 50 mm，棒管长度 6 m
门式脚手架	1 820 mm×1 219 mm×1 850 mm
混凝土泵送设备	满足现场混凝土浇筑要求
抹灰工具	自选
滚筒刷	自选

附表 1.5　钢筋加工工具

名称	技术规格
手动钢筋弯曲器	自选
钢筋切断钳	自选
扎钩	自选
虎钳	自选
胡桃钳	自选
手动扳手	自选

附表 1.6　其他工具

名称	技术规格
伸缩人字梯	4 m
工具箱	占地的最大外部尺寸 2.0 m×1.0 m，高度不宜高于 2.0 m
安全护具	自选，含安全帽、护目镜、耳塞
工具腰包	自选
拖线盘	自选
锉刀	自选
螺钉旋具	自选
美工刀	自选
毛刷	自选
计算器	自选
铁锤	自选
八角锤	自选
抹子	自选
铁铲	自选
卷笔刀	自选
玻璃胶枪	自选
磨砂纸	自选

1.2　主要设备工具介绍

本节没有涵盖所有设备工具，仅对主要设备工具进行介绍。本节所介绍的设备工具为世赛混凝土建筑项目上海集训基地所拥有的设备，其他院校基地的设备可能有所不同，因此，此处的介绍仅供其他院校基地做参考。

1. 插电式台锯

台锯主要用作顺截木料，如附图 1.1 所示。将木板或木方水平放置在台锯平台上，双手水平将其向前推送，推送时注意靠紧红框处的靠山，保证木材顺直和规方。

附图 1.1　插电式台锯

安全注意事项：使用台锯时手距离锯片应保持一拳距离，如没有一拳距离则需要使用辅助工具，使用台锯时应佩戴护目镜、口罩等防护用品。不能佩戴手套以防止锯片缠绕，发现卡锯时应立即按下红色按钮，切断电源。

2. 充电式轨道锯

充电式轨道锯用于门洞、门梁、柱子等木模板开料，如附图 1.2 所示。需要两个 18 V 的电池同时插入才可使用（方框中的为电池）。

使用方法：将轨道锯放置在轨道板，根据放样尺寸将轨道板平放在锯料上，并确定轨道板已固定，而后向下向前平行推动开关，如附图 1.2 所示。

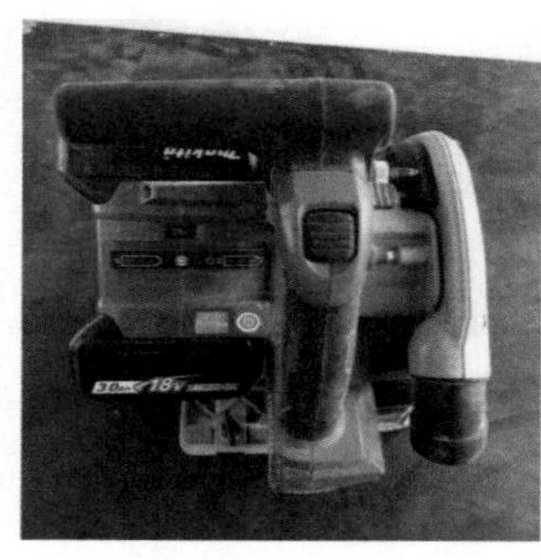
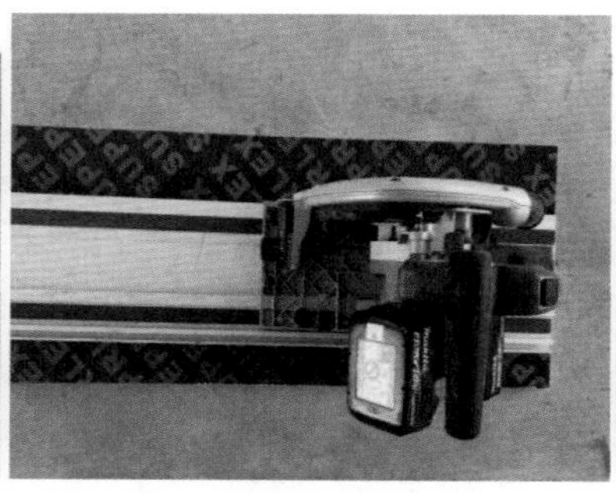

附图 1.2　充电式轨道锯

使用注意事项：使用时需要佩戴护目镜、口罩，不得佩戴手套，下料时应考虑锯片、轨道板厚度。

3. 切割锯

附图 1.3 所示的切割锯用来切割模板和截断木料。切割锯最大的特点是可以调节水平、垂直角度，也可以进行开槽。使用时需要插上电源。

附图 1.3　切割锯

4. 地砖切割机

如附图 1.4 所示，地砖切割机用于混凝土木模拆除、弧形门洞顶板开槽，同时可用于拆除预留门洞模板。使用时需要插上电源。

使用注意事项：使用时必须佩戴护目镜、口罩，不得佩戴手套。需要正确计算锯片与下料宽度的关系。需要平放在木板上向前推动。

5. 无线切割机

在该项目中用于切割预留门洞上部弧形模板成型和拆除预留门洞模板。该切割机为充电式，使用时无须插上电源（附图 1.5）。

附图 1.4　地砖切割机

附图 1.5　无线切割机

6. 插电式曲线锯

插电式曲线锯（附图 1.6）又称反复锯，可分为水平曲线锯和垂直曲线锯两种。曲线锯可作中心切割（如开洞）、直线切割、圆形或弧形切割等。本项目中用于弧形模板下料，以及上述切割机无法切割的部分。切割时，将曲线锯平放在木料上，锯片对准放样线，沿着放样线平行推进。

使用注意事项：使用时必须佩戴眼罩、口罩，不得佩戴手套。如果需要锯超过 3 cm 厚的木料，则需要换厚锯片。

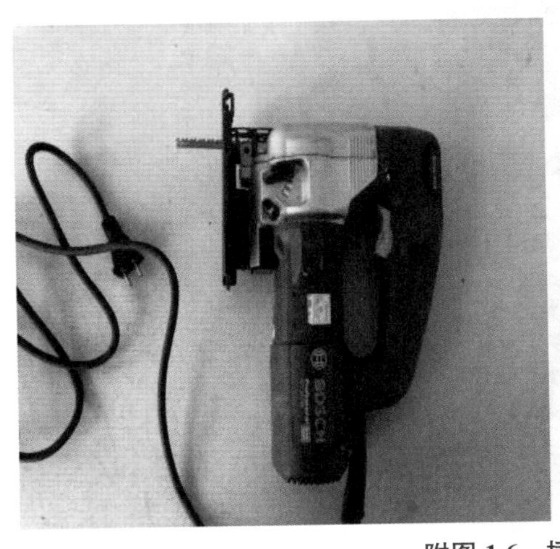

附图 1.6　插电式曲线锯

7. 充电式马刀锯

当木方断料的精度要求不太高时，可用充电式马刀锯来进行木方断料，也可用马刀锯进行混凝土木模的拆除；充电式马刀锯与充电式轨道锯可用同样的电池。充电式马刀锯如附图 1.7 所示。

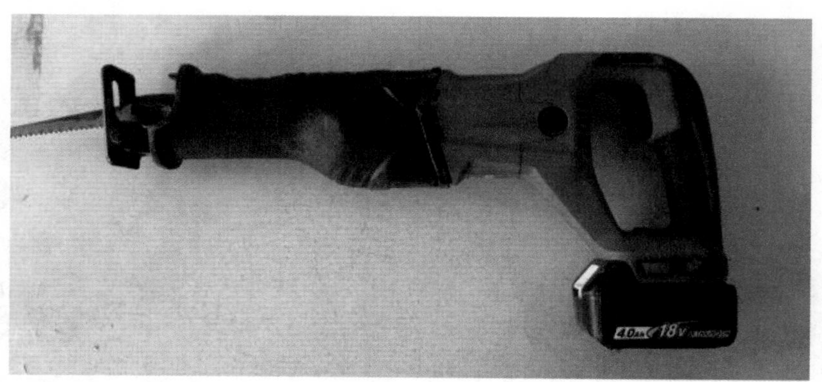

附图 1.7　充电式马刀锯

使用注意事项：使用时必须佩戴眼罩、口罩，不得佩戴手套。切割时应确定木方或木板已经固定。使用时应双手握紧手柄及机身，防止机器剧烈抖动，造成安全事故。

8. 拉杆型材切割机

拉杆型材切割机也叫斜切据，用于木方或木板及线条等非金属物的切割断料，如附图 1.8 所示。可进行锯片角度的调节。

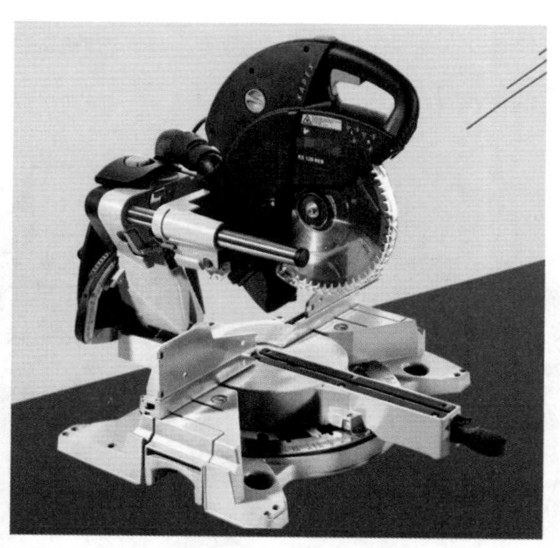

附图 1.8　拉杆型材切割机

使用注意事项：使用时必须佩戴护目镜、口罩，不得佩戴手套。需要注意的是切割机上的尺寸（木料需要放置在刻度中心位置）。

9. 充电式电钻

充电式电钻用于门洞、堵头、门梁等木模板开孔，也可用于钢模板和铝模板开孔，如附图 1.9 所示，按压红色按钮即可使用。在钻孔时应将钻头垂直于被钻物体表面，如无法钻孔应立即调整角度或钻头。本电钻需要使用与其配套的钻头。本电钻可调整为钻孔或冲击钻等模式，也具有调节转速、调节转动方向等功能。

附图 1.9　充电式电钻

10. 插电式冲击钻

插电式冲击钻如附图 1.10 所示，用于混凝土钻孔。在该项目中在钻孔内插入钢筋可控制内外模板墙身截面尺寸。同时，斜撑底部用膨胀螺栓固定钻孔。可调整正反转。

11. 电动扳手

电动扳手用于膨胀螺钉、铝模板对敲螺栓、各种螺钉的紧敲，但需要配套相应的套管才能使用，如附图 1.11 所示。红色按钮为开关及正反转控制处。

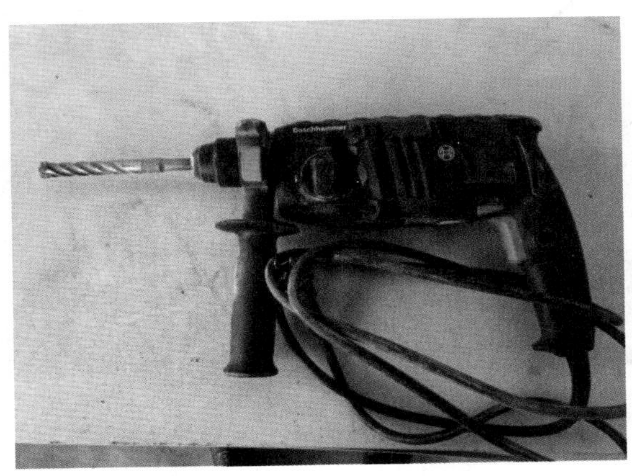

附图 1.10　插电式冲击钻

附图 1.11　电动扳手

使用注意事项：必须握紧手柄，防止扭力过大造成安全事故。

12. 手电刨

手电刨用于刨削木材表面（附图 1.12）。在该项目中用于刨削局部木材或模板中因锯割产生的有偏差的表面。

13. 起子机

起子机用于干壁钉、十字螺钉等的装卸，如附图 1.13 所示。也可以当作电钻使用，可以根据需要调换合适的钻头。

14. 混凝土振捣棒

混凝土振捣棒用于浇筑混凝土时进行混凝土振捣，如附图 1.14 所示。

附图 1.12　手电刨

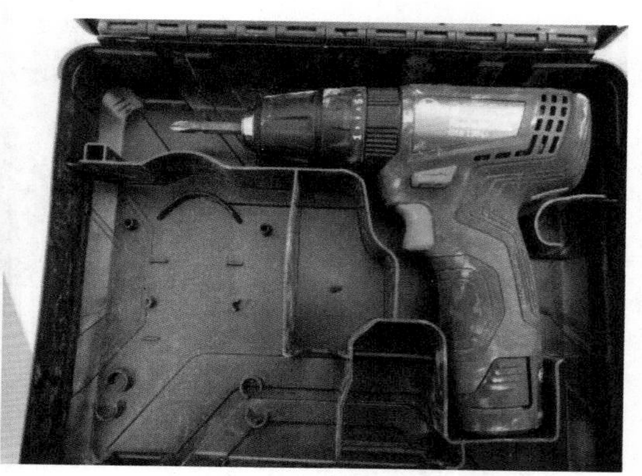

附图 1.13　起子机

15. 撬棒和撬扳手（铝模板装拆用）

撬棒［附图 1.15（a）］和撬扳手［附图 1.15（b）］用于铝模板装拆。

附图 1.14　混凝土振捣棒

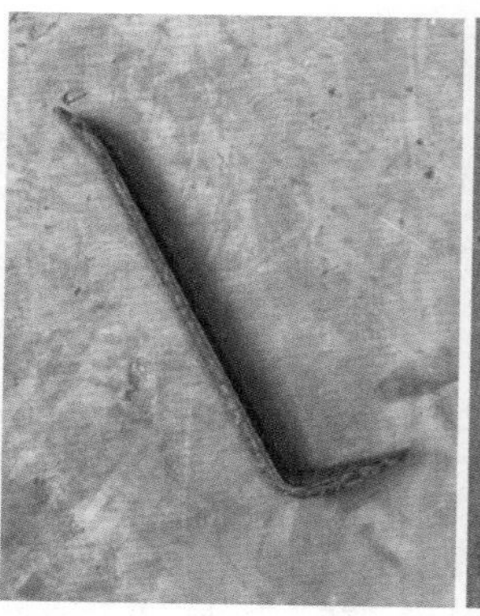

（a）

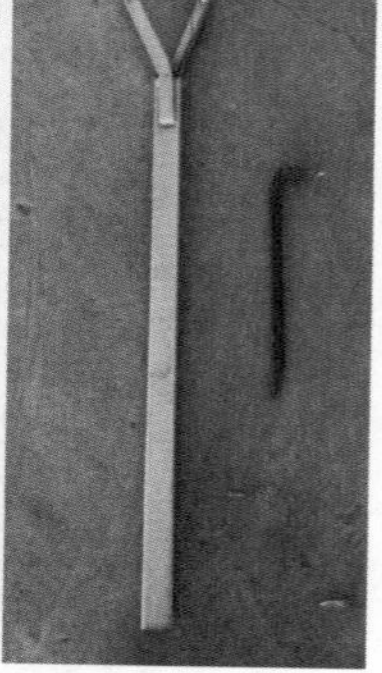

（b）

附图 1.15　撬棒和撬扳手

16. 锤子和羊角锤

锤子［附图 1.16（a）］也用来组装铝模板。

羊角锤［附图 1.16（b）］可一头敲钉子，一头起钉子。操作时，锤端部与钉子顶面须平行，上下运动须同一线，手握锤柄要平稳。

17. 钢筋弯曲工具和扎钩

手动钢筋弯曲工具用于弯曲箍筋，由扳手和底座组成，如附图 1.17（a）所示。

扎钩用于绑扎钢筋，如附图 1.17（b）所示。

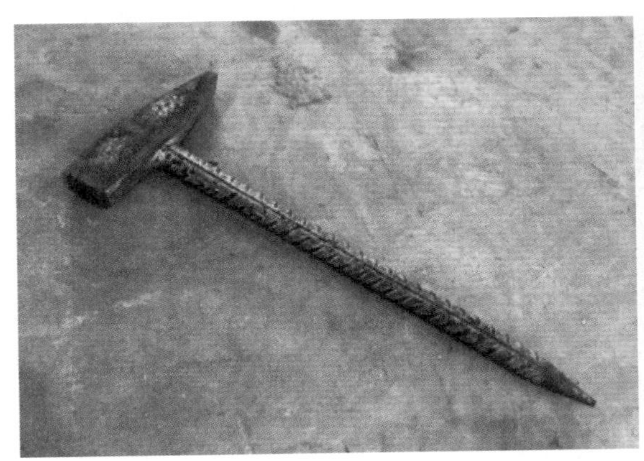

（a）

（b）

附图 1.16　锤子和羊角锤

（a）

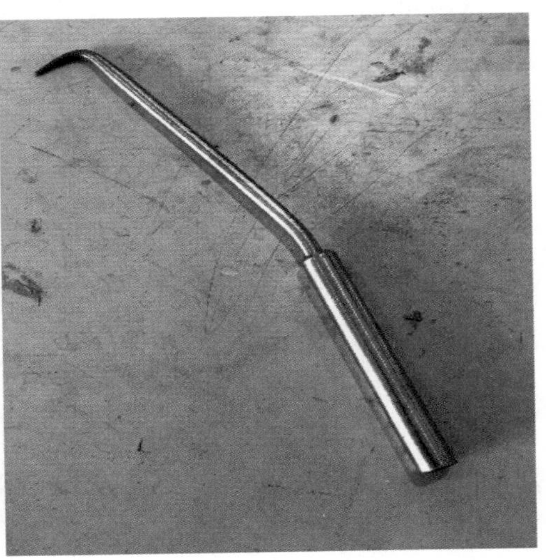

（b）

附图 1.17　钢筋弯曲工具和扎钩

18. 大力钳

大力钳用于切断钢筋，如附图 1.18 所示。

19. 抹灰工具（刮板和铁板）

刮板［附图 1.19（a）］用于混凝土浇捣后在初凝前压平；铁板［附图 1.19（b）］用于混凝土浇捣后在初凝前压光。

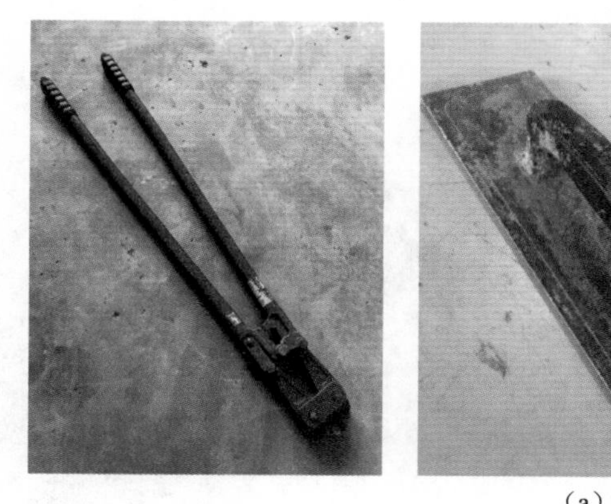

附图 1.18 大力钳

（a） （b）

附图 1.19 抹灰工具

20. 刨子和板锯

刨子如附图 1.20（a）所示。按长短可分为长刨、中刨和短刨；按使用要求又可分为粗刨和细刨。刨子用于刨削木材及处理一些设备无法加工的木材坡角。

板锯如附图 1.20（b）所示。板锯锯片宽大，切割时与木材接触面大，切割稳定，直线切割精度好。板锯按锯齿可分为横截锯和顺截锯两种。

（a）

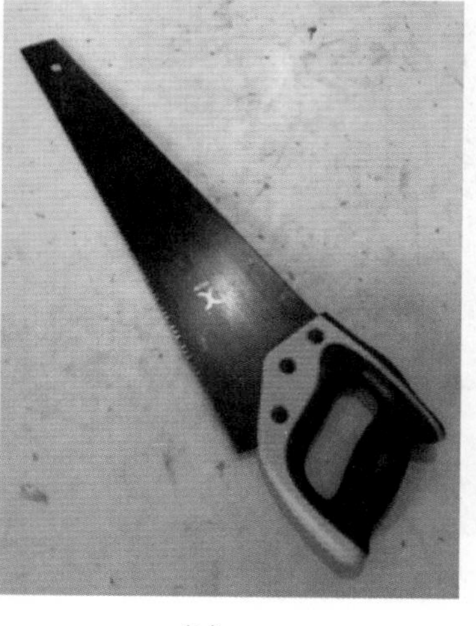

（b）

附图 1.20 刨子和板锯

21. 木工夹和夹具

木工夹如附图 1.21（a）所示，用于木模、铝模等无法靠人力合拢的条缝，也可以用来固定相关工作台；夹具如附图 1.21（b）所示，主要用于固定两个部件结合处，使其能够精密结合。

（a）　　　　（b）

附图 1.21　木工夹和夹具

22. 线坠

线坠如附图 1.22 所示。用以校验墙面是否垂直，使用时手持绳的上端，锤尖向下自由下垂，视线随绳线，倘绳线与墙面上下距离一致，即表示墙面垂直。

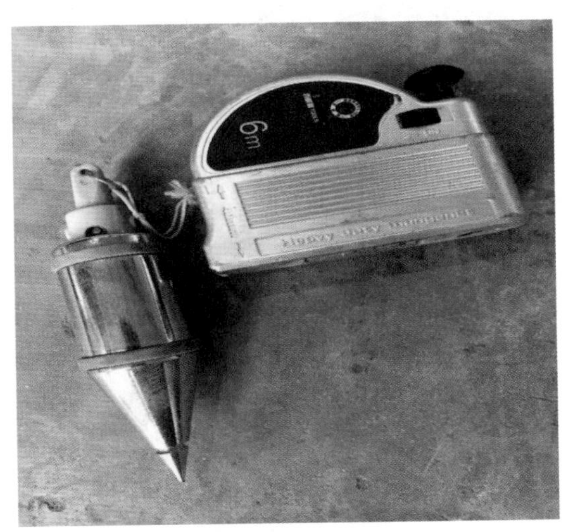

附图 1.22　线坠

23. 画线器和圆规

画线器如附图 1.23（a）所示，用于在木模板上画出线痕；圆规如附图 1.23（b）所示，用以画弧线和量取尺寸。可根据图纸上圆半径的大小，在木模板上测量好尺寸后画出圆弧或全圆。

（a）

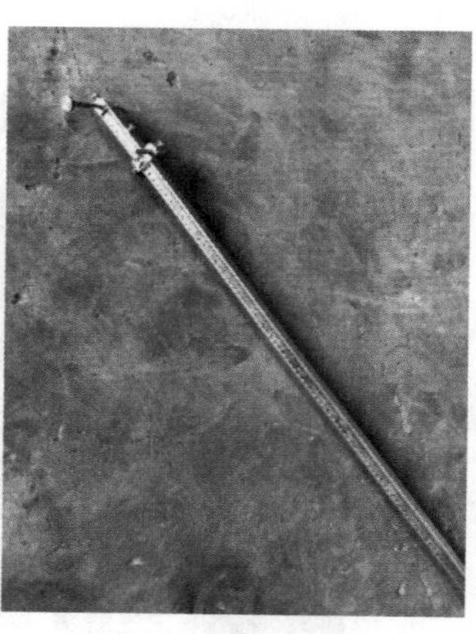

（b）

附图 1.23　画线器和圆规

24. 墨斗

墨斗用于弹墨线。如附图 1.24 所示。因线绳饱含墨汁，线绳拉弹放下，即可在两点间弹出一条墨线。同时用于地面上和木板上弹线。

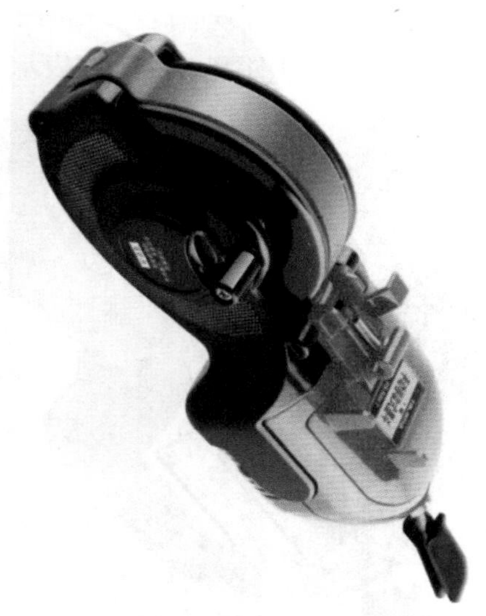

附图 1.24　墨斗

25. 活络扳手和棘轮扳手

活络扳手如附图 1.25（a）所示，用于松紧螺栓的专用工具，用于各种直径的螺栓；棘轮扳手如附图 1.25（b）所示，是一种固定螺栓松紧的工具，速度较活络扳手快，可有效提高工作效率。

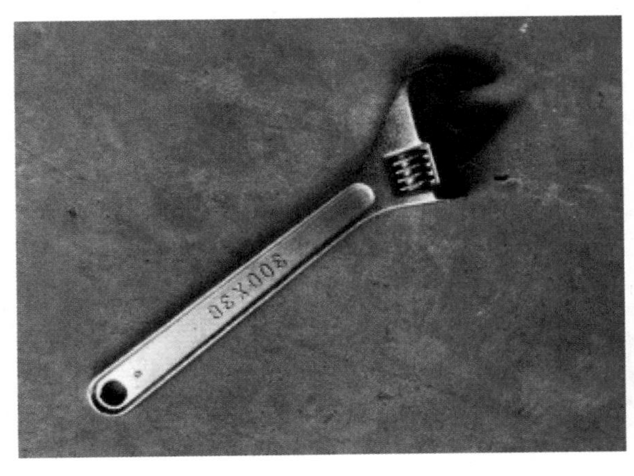

（a）

（b）

附图 1.25　活络扳手和棘轮扳手

26. 红外线激光水平仪（激光投线仪）

红外线激光水平仪如附图 1.26 所示，用于检验模板水平和垂直度，可自带三脚架。使用前需将水平仪调整至水平，再打开开关，移动时需提前将水平仪关闭。

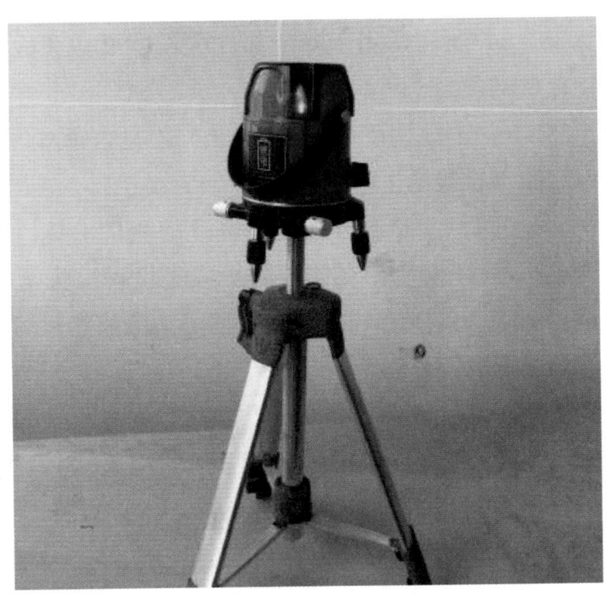

附图 1.26　红外线激光水平仪

27. 数显水平尺和游标卡尺

数显水平尺如附图 1.27（a）所示，尺的中部及端部各装有水准管，当水准管内气泡居中时，即成水平，用于检验物面的水平或垂直。游标卡尺如附图 1.27（b）所示，用于检查木模板下料厚度、钢筋直径和箍筋间距等。

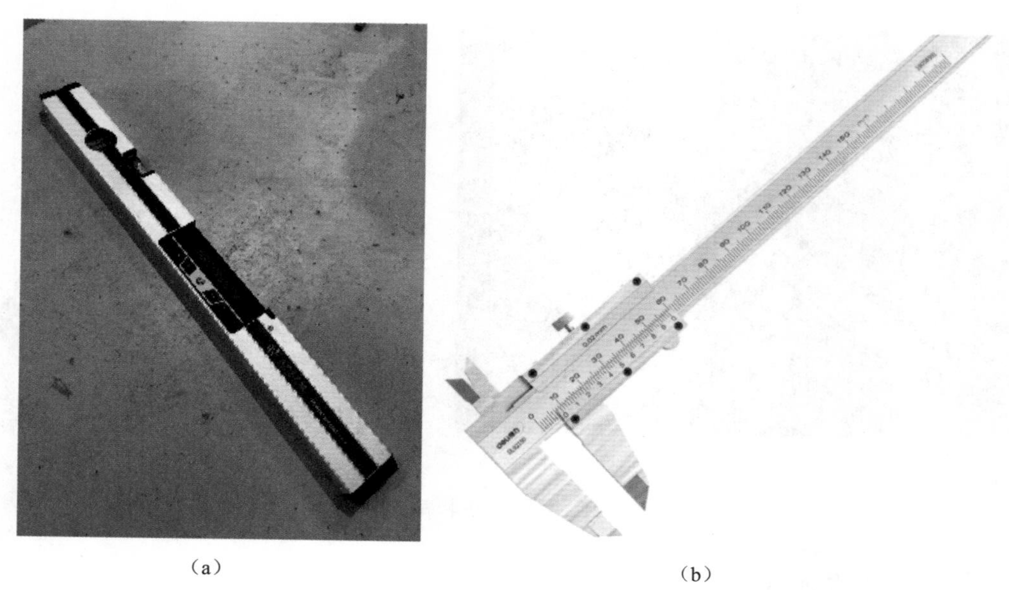

（a）　　（b）

附图 1.27　数显水平尺和游标卡尺

28. 钢板尺、卷尺和直角尺

钢板尺如附图 1.28（a）所示，用于测量部件的长度尺寸和检验部件表面的平整度，不锈钢材质的钢板尺精度高、耐磨性好。

直角尺如附图 1.28（b）所示，用于检查木料相邻面是否垂直，木料是否为平面，且其是在木料上画横线和垂直线的主要工具。

卷尺如附图 1.28（c）所示，是最常见且最普及的测量工具，卷尺用于检查木料长度、下料和度量部件，携带方便。在使用时，应先检查尺头是否损坏及其对零情况，检查尺面刻度是否清晰，是否有弯折、破损情况。磁座卷尺可吸附在钢筋上；可在绑扎钢筋时使用，方便读取箍筋间距。

29. JZC-D 型多功能 9 件检测器

JZC-D 型多功能 9 件检测器是用于检验模板平整、缝隙等质量的用具，如附图 1.29 所示。

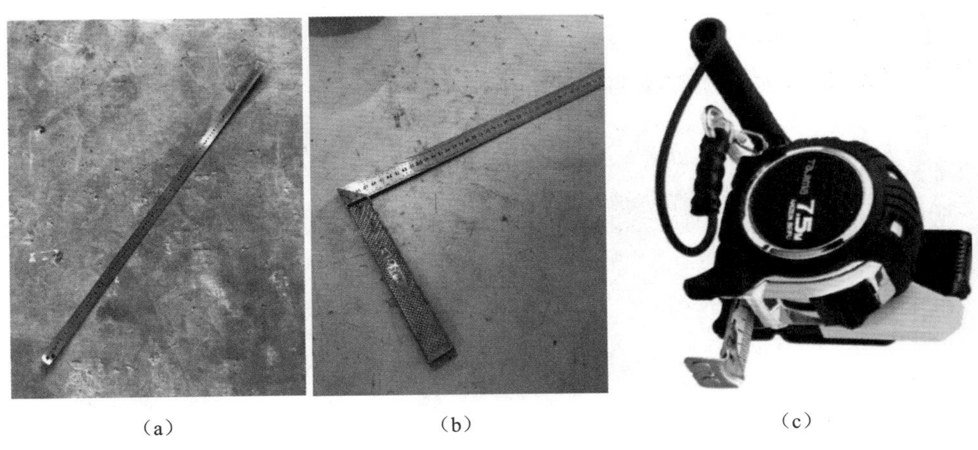

（a）　　（b）　　（c）

附图 1.28　钢板尺、直角尺和卷尺

30. 伸缩人字梯

伸缩人字梯如附图 1.30 所示，用于攀登。使用时，梯子与地面的夹角应为 70°～ 80°。

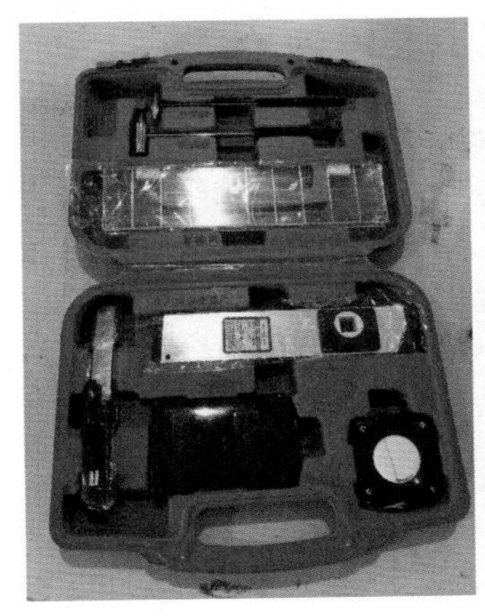

附图 1.29　JZC-D 型多功能 9 件检测器

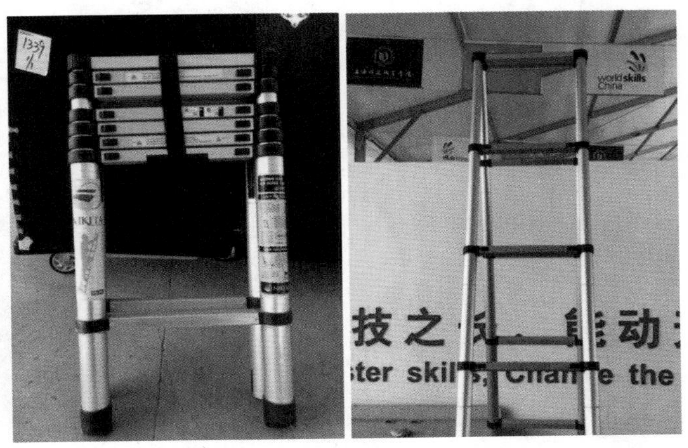

附图 1.30　伸缩人字梯

31. 门式脚手架

门式脚手架如附图 1.31 所示，选手上脚手架进行高处模板搭设和混凝土浇筑。

组装脚手架时要保证每个卡扣都卡紧后，脚手架上方可载人进行作业；爬上脚手架时需要使用梯子，禁止直接攀爬脚手架。

32. 铁凳

铁凳用作钢筋笼绑扎的支座，如附图 1.32 所示。

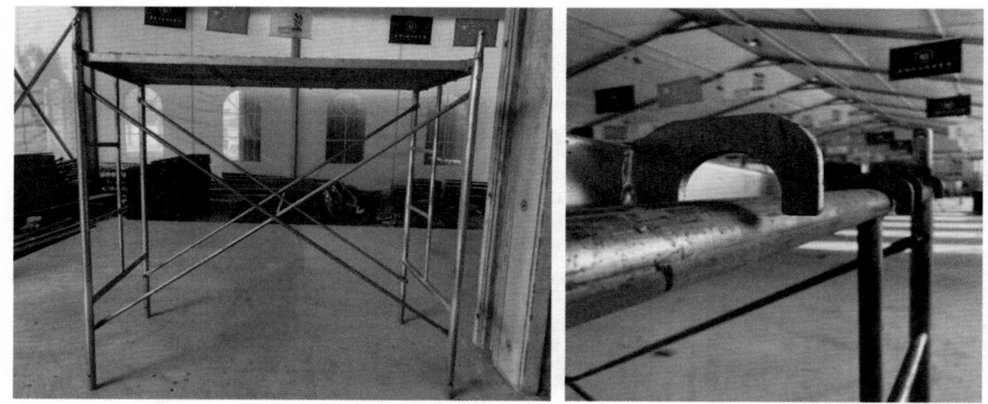

附图 1.31　门式脚手架

附图 1.32　铁凳

附录 2　历届比赛试题图纸

2.1　第 45 届世赛全国选拔赛试题图纸

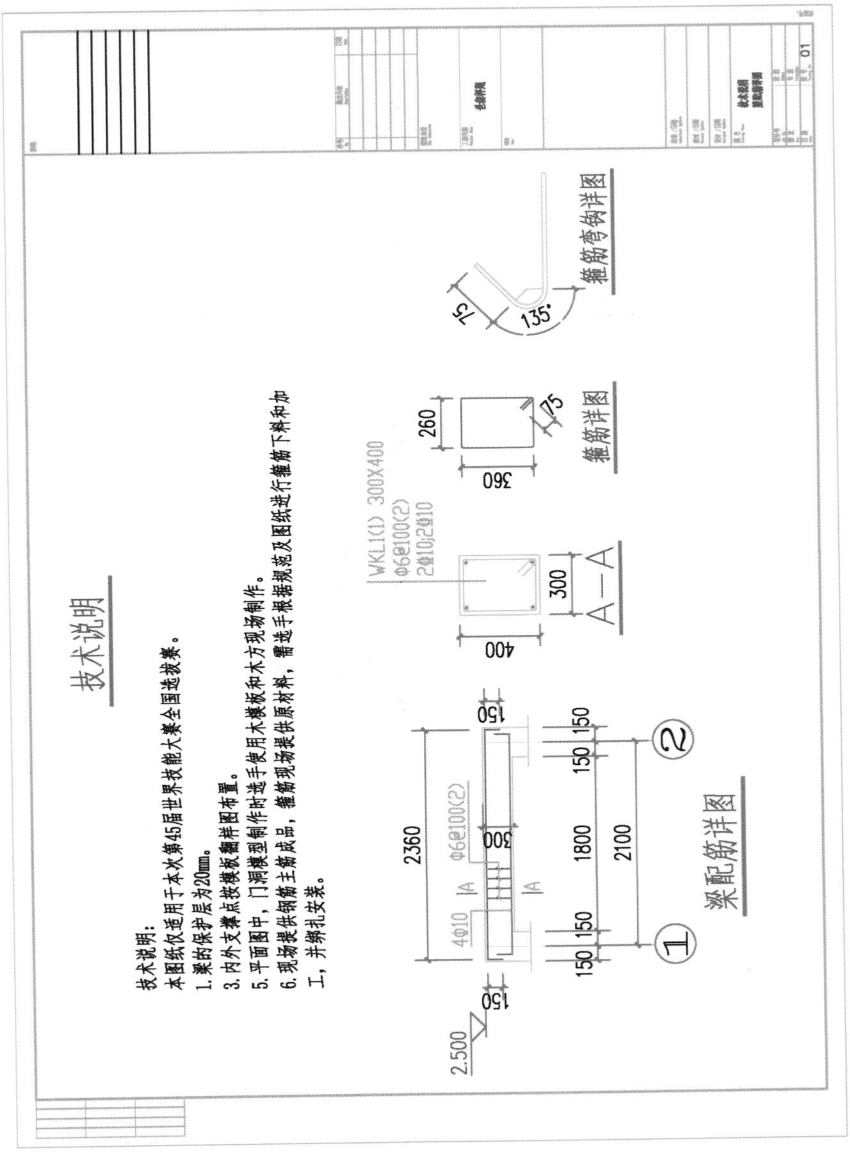

技术说明

技术说明：

本图纸仅适用于本次第45届世界技能大赛全国选拔赛。

1.梁的保护层为20mm。

3.内外支撑点按模板翻样图布置。

5.平面图中，门洞模型制作时选手使用木模板和木方现场制作。

6.现场提供钢筋主筋成品，箍筋现场提供原材料，需选手根据规范及图纸进行箍筋下料和加工，并绑扎安装。

梁配筋详图

2360　150　150　150　1800　150　150　2100　300　4Φ10　Φ6@100(2)　2.500　①　②

A—A

WKL1(1) 300X400
Φ6@100(2)
2Φ10;2Φ10

400　300

箍筋详图

260　360　75

箍筋弯钩详图

75　135°

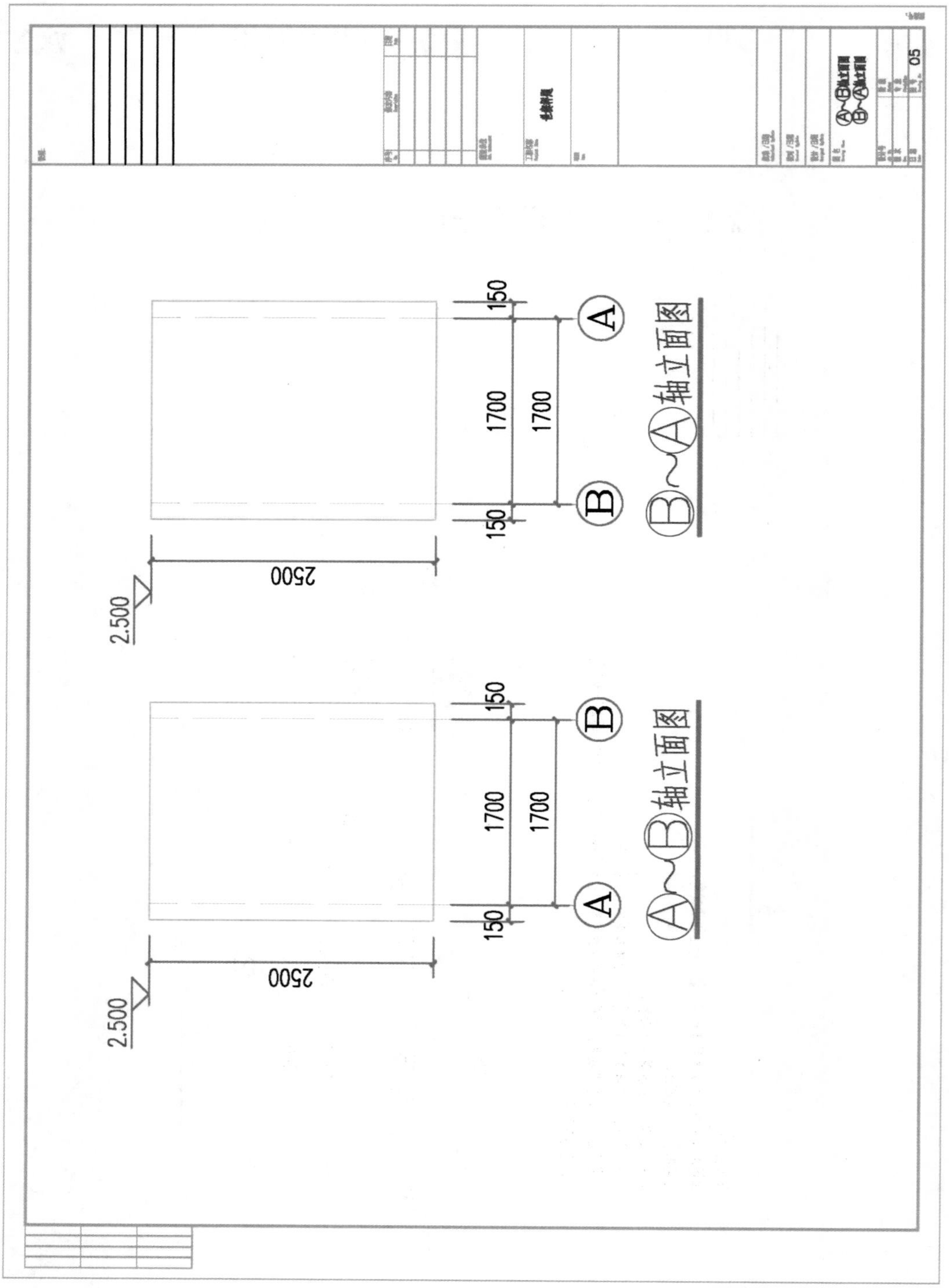

B~A轴立面图

2.500

2500

150 1700 150

1700

A~B轴立面图

2.500

2500

150 1700 150

1700

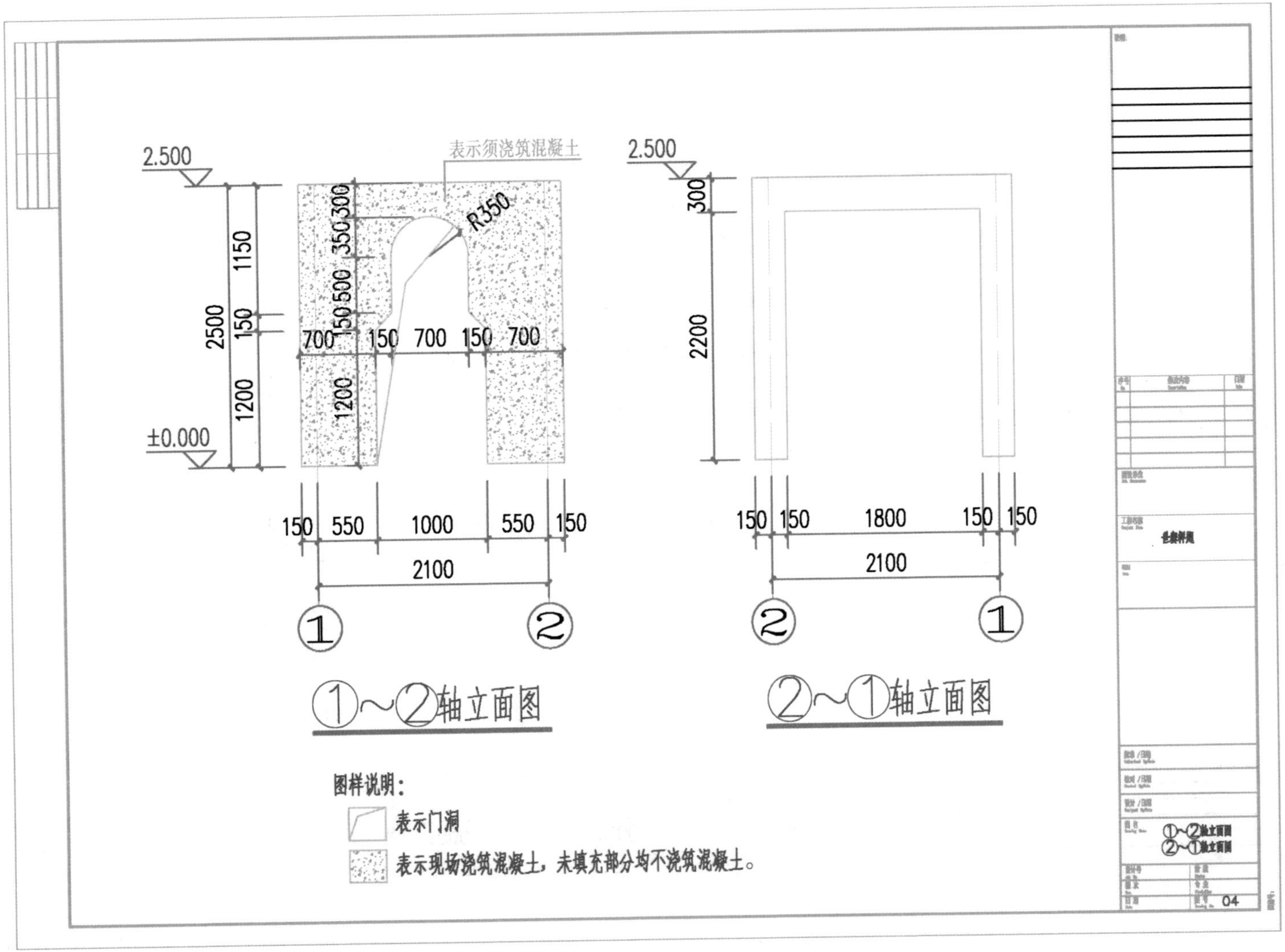

表示须浇筑混凝土

2.500

±0.000

R350

2500 1150 150 1200

300 350 500 150 1200

700 150 700 150 700

150 550 1000 550 150

2100

①～②轴立面图

2.500

300 2200

150 150 1800 150 150

2100

②～①轴立面图

图样说明：

表示门洞

表示现场浇筑混凝土，未填充部分均不浇筑混凝土。

①～②轴立面图

②～①轴立面图

04

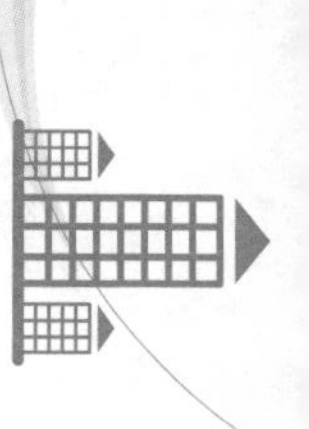

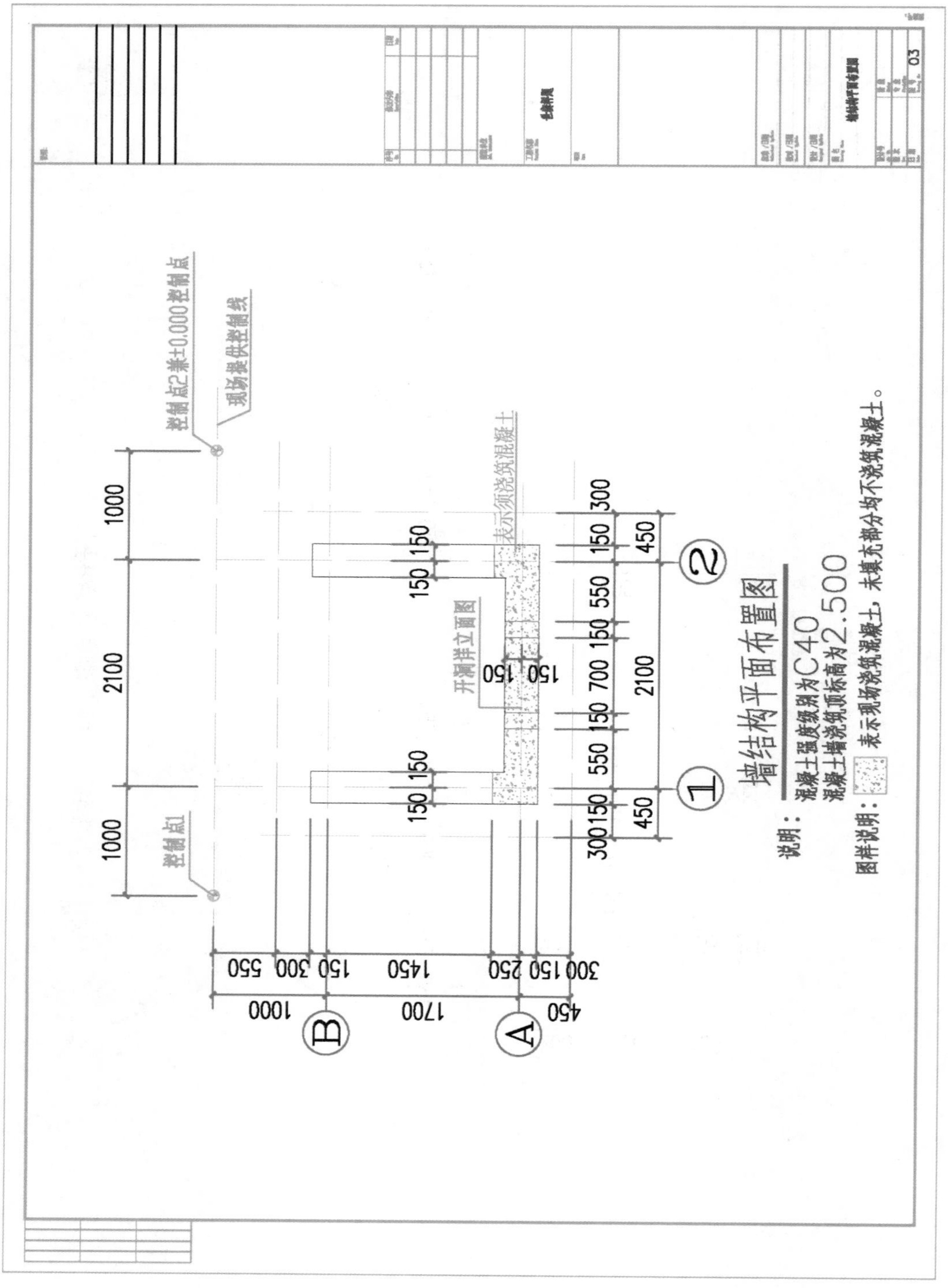

控制点1

控制点2兼±0.000控制点

现场提供控制线

开洞详立面图

表示须浇筑混凝土

墙结构平面布置图

说明：混凝土强度级别为C40

混凝土墙浇筑顶标高为2.500

图样说明：表示现场浇筑混凝土，未填充部分均不浇筑混凝土。

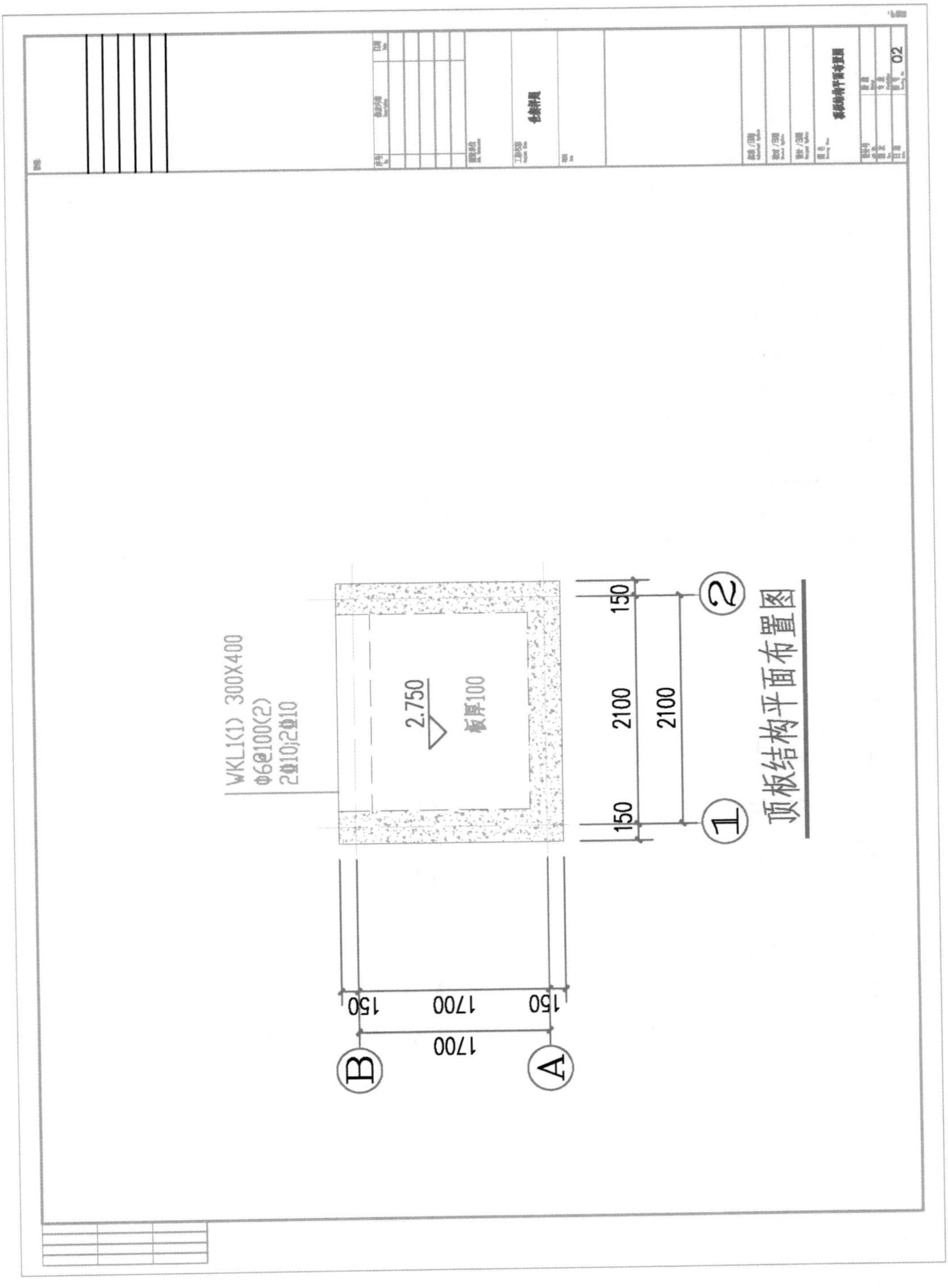

WKL1(1) 300X400
Φ6@100(2)
2Φ10;2Φ10

2.750
板厚100

150 2100 150
2100

1700
150 1700 150

① ② Ⓐ Ⓑ

顶板结构平面布置图

02

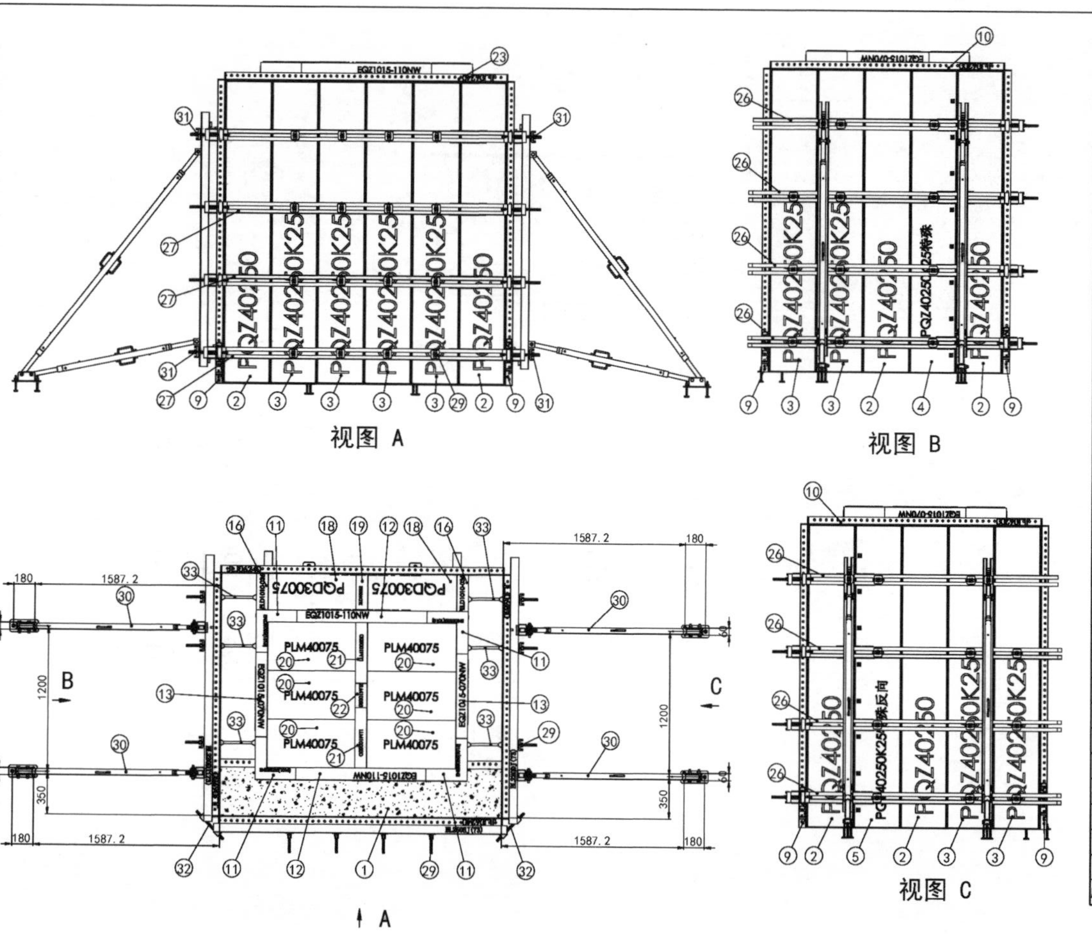

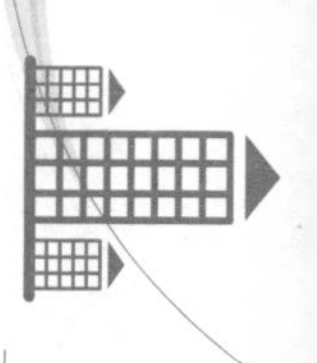

视图 A

视图 B

视图 C

序号	零件名称	数量
34	1800-3200单支顶	2
33	G300-1	34
32	Tr15X325对拉螺杆	8
31	钩头螺杆230组件B	12
30	4#铝模板墙体支撑C+中铁竖楞2100	6
29	Tr18X900对拉螺杆C	38
28	BL123SX (73)	2
27	BL250SJ (73)	4
26	BL220DJ (73)	8
25	BL163SX (73)	4
24	BL180DX (73)	6
23	JLJ06240	2
22	ZLM10020	1
21	LLM10050D	2
20	PLM40075	6
19	ZLD10032	1
18	PQD30075	2
17	PLM40180	1
16	ELD1010-036D	2
15	PLM40160	1
14	EQZ1010-050	2
13	EQZ1015-070NW	2
12	EQZ1015-110NW	2
11	ENZ35035（1015）	4
10	JLJ06200	4
9	JLJ06250	4
8	PQZ40200K25	2
7	EQZ1010-250	2
6	PQZ30250	4
5	PQZ40250K25特殊反向	2
4	PQZ40250K25特殊	2
3	PQZ40250K25	14
2	PQZ40250	8
1	300墙厚浇筑部分	1

图纸名称 TITLE	混凝土建筑项目
图号 DRG. NO.	
工程名称 PROJECT	第45届世界技能大赛全国选拔赛
版本号 REV.	共4张，第1张
制图 DWN	
审核 CKD	
批准 APVD	

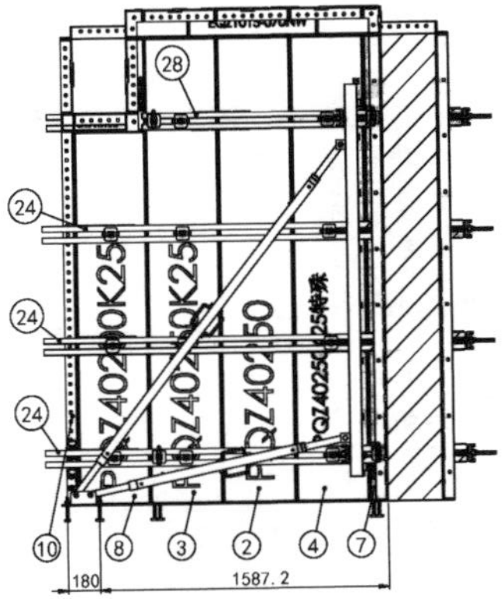

剖面 D-D

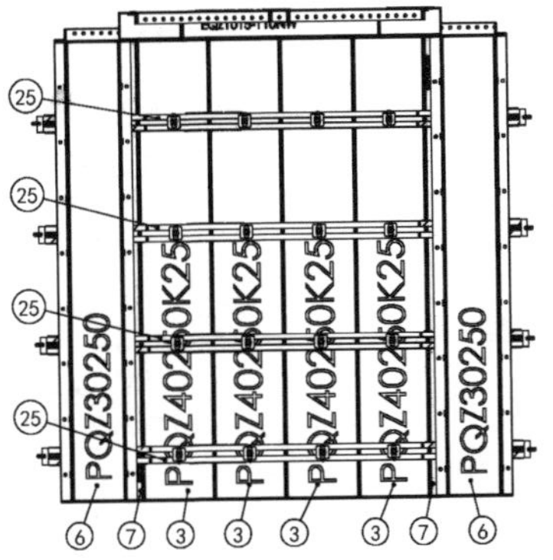

180 1587.2

剖面 E-E

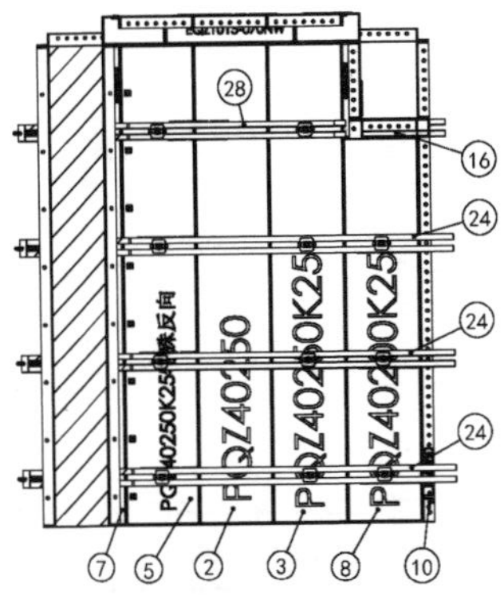

剖面 F-F

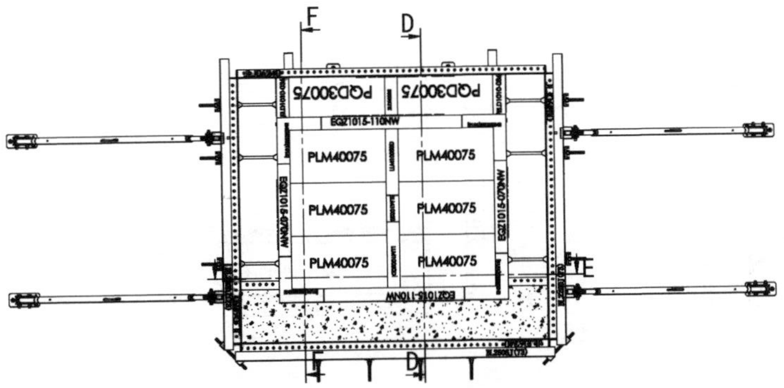

序号	零件名称	数量
34	1800-3200单支顶	2
33	G300-1	34
32	Tr15X325对拉螺杆	8
31	钩头螺杆230组件B	12
30	4#铝模板墙体支撑C+中铁竖楞2100	6
29	Tr18X900对拉螺杆C	38
28	BL123SX(73)	2
27	BL250SJ(73)	4
26	BL220DJ(73)	8
25	BL163SX(73)	4
24	BL180DX(73)	6
23	JLJ06240	2
22	ZLM10020	1
21	LLM10050D	2
20	PLM40075	6
19	ZLD10032	1
18	PQD30075	2
17	PLM40180	1
16	ELD1010-036D	2
15	PLM40160	1
14	EQZ1010-050	2
13	EQZ1015-070NW	2
12	EQZ1015-110NW	2
11	ENZ35035（1015）	4
10	JLJ06200	4
9	JLJ06250	4
8	PQZ40200K25	2
7	EQZ1010-250	2
6	PQZ30250	4
5	PQZ40250K25特殊反向	2
4	PQZ40250K25特殊	2
3	PQZ40250K25	14
2	PQZ40250	8
1	300墙厚浇筑部分	1

图纸名称 TITLE	混凝土建筑项目
图号 DRG. NO.	
工程名称 PROJECT	第45届世界技能大赛全国选拔赛
版本号 REV.	共4张，第2张

制图 DWN　审核 CKD　批准 APVD

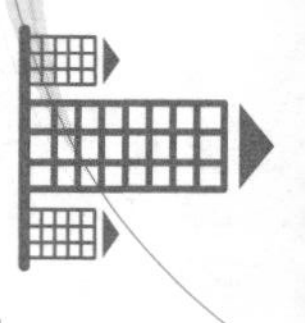

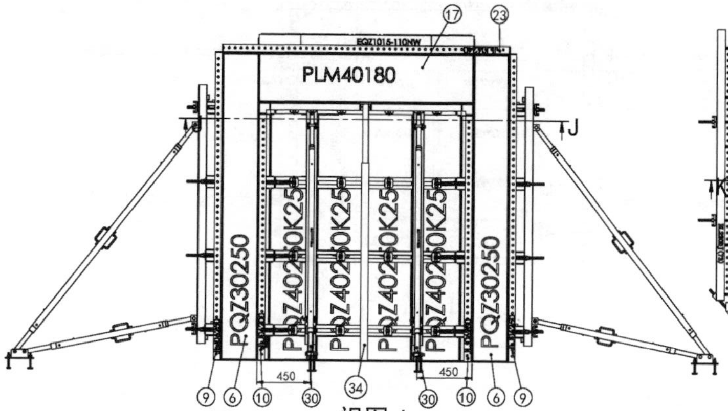

视图 L

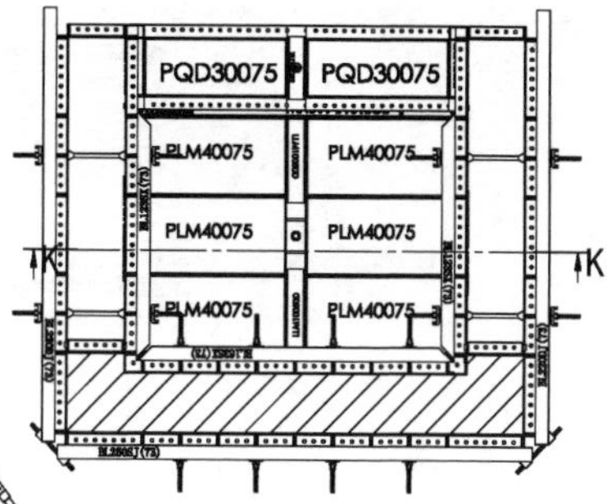

剖面 J-J

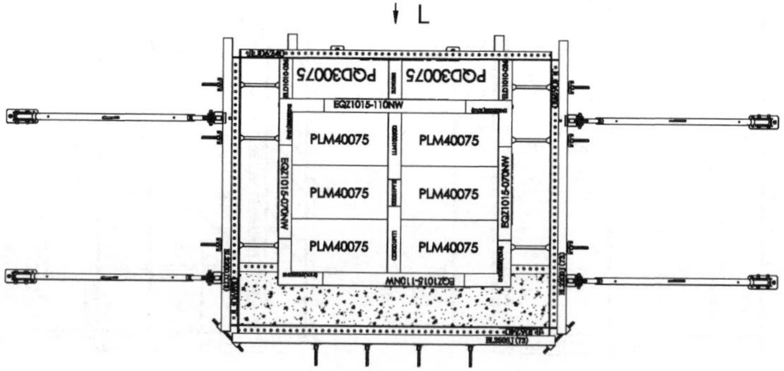

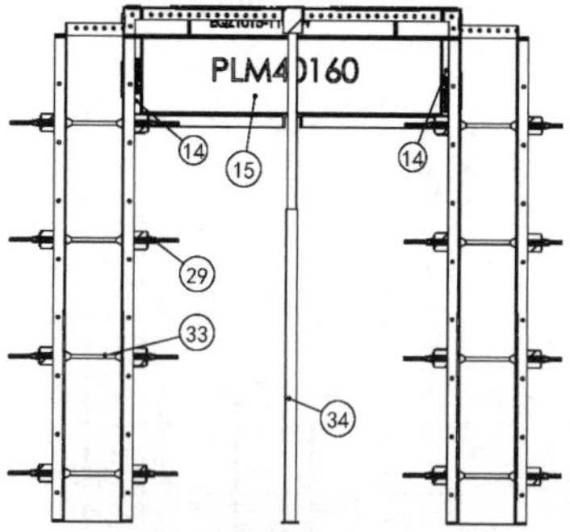

剖面 K-K

序号	零件名称	数量
34	1800-3200单支顶	2
33	G300-1	34
32	Tr15X325对拉螺杆	8
31	钩头螺杆230组件B	12
30	4#铝模板墙体支撑C+中铁竖楞2100	6
29	Tr18X900对拉螺杆C	38
28	BL123SX (73)	2
27	BL250SJ (73)	4
26	BL220DJ (73)	8
25	BL163SX (73)	4
24	BL180DX (73)	6
23	JLJ06240	2
22	ZLM10020	1
21	LLM10050D	2
20	PLM40075	6
19	ZLD10032	1
18	PQD30075	2
17	PLM40180	1
16	ELD1010-036D	2
15	PLM40160	1
14	EQZ1010-050	2
13	EQZ1015-070NW	2
12	EQZ1015-110NW	2
11	ENZ35035 (1015)	4
10	JLJ06200	4
9	JLJ06250	4
8	PQZ40200K25	2
7	EQZ1010-250	2
6	PQZ30250	4
5	PQZ40250K25特殊反向	2
4	PQZ40250K25特殊	2
3	PQZ40250K25	14
2	PQZ40250	8
1	300墙厚浇筑部分	1

				图纸名称 TITLE	混凝土建筑项目
				图号 DRG. NO.	
制图 DWN		批准 APVD		工程名称 PROJECT	第45届世界技能大赛全国选拔赛
审核 CKD				版本号 REV.	共4张，第3张

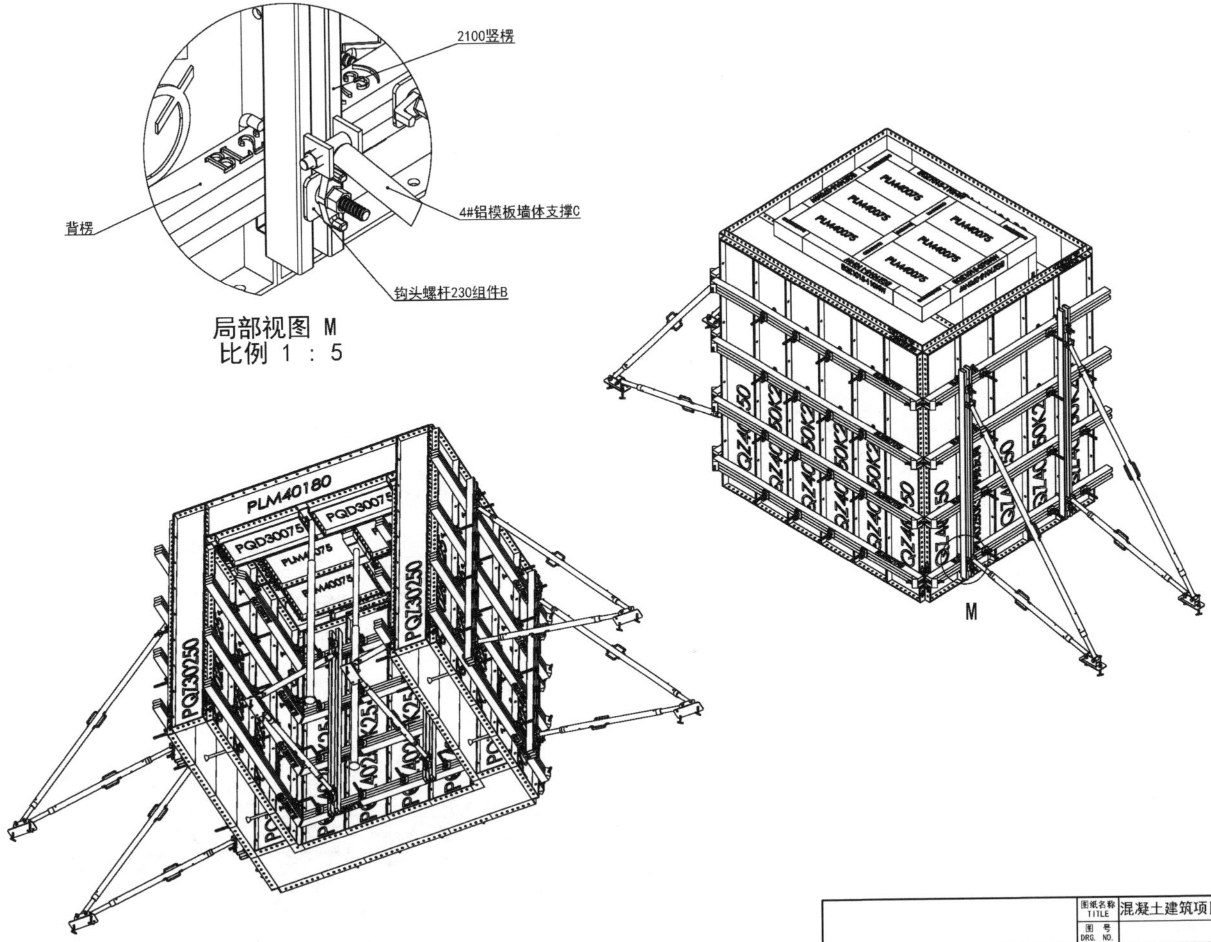

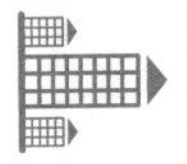

2100竖楞

4#铝模板墙体支撑C

背楞

钩头螺杆230组件B

局部视图 M
比例 1 : 5

PLM40180

PQD30075

PQZ30250

M

					图纸名称 TITLE	混凝土建筑项目
					图 号 DRG. NO.	
制图 DWN			批准 APVD		工程名称 PROJECT	第45届世界技能大赛全国选拔赛
审核 CKD					版本号 REV.	共4张, 第4张

2.2 第 45 届世赛试题图纸

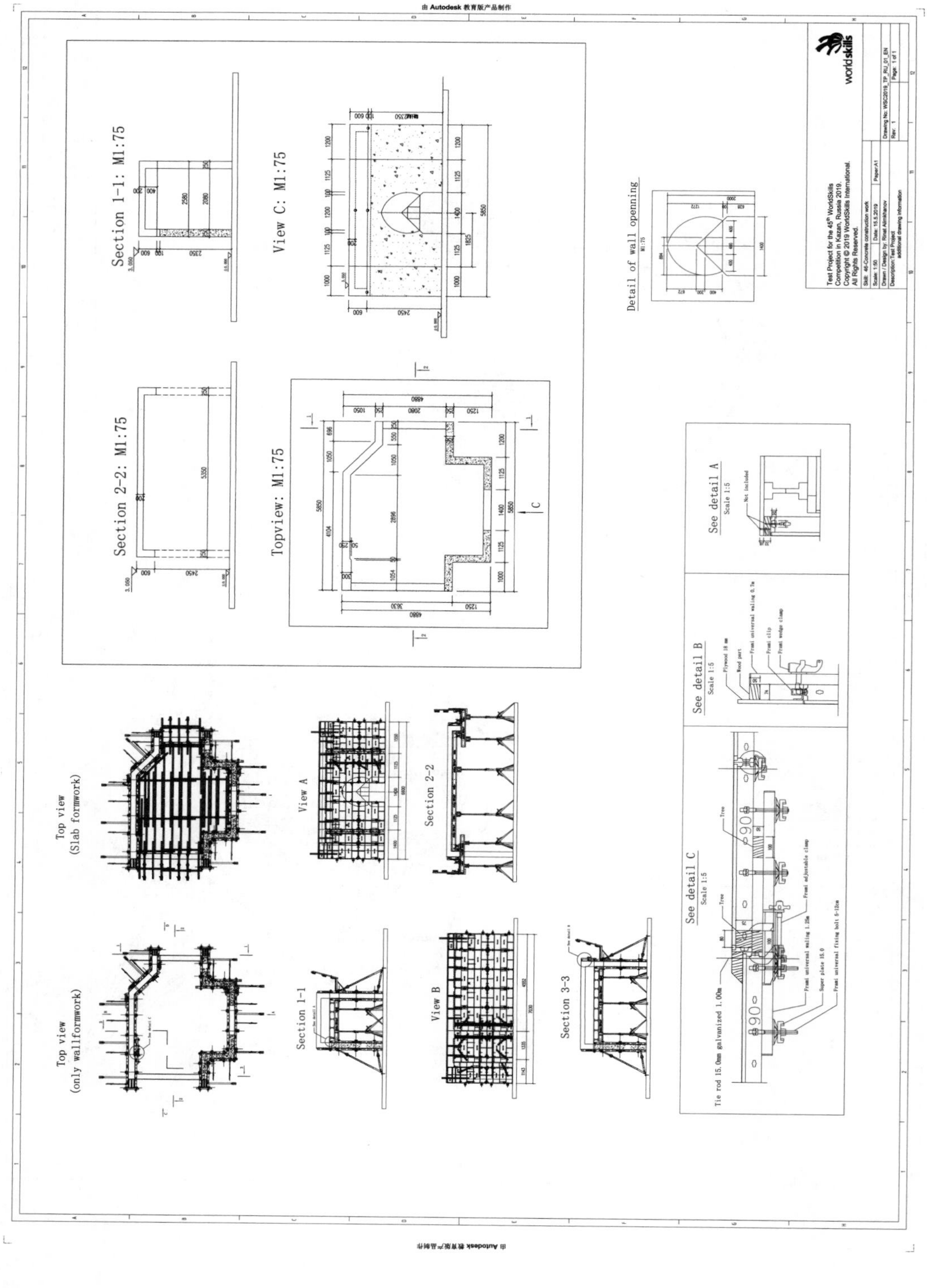

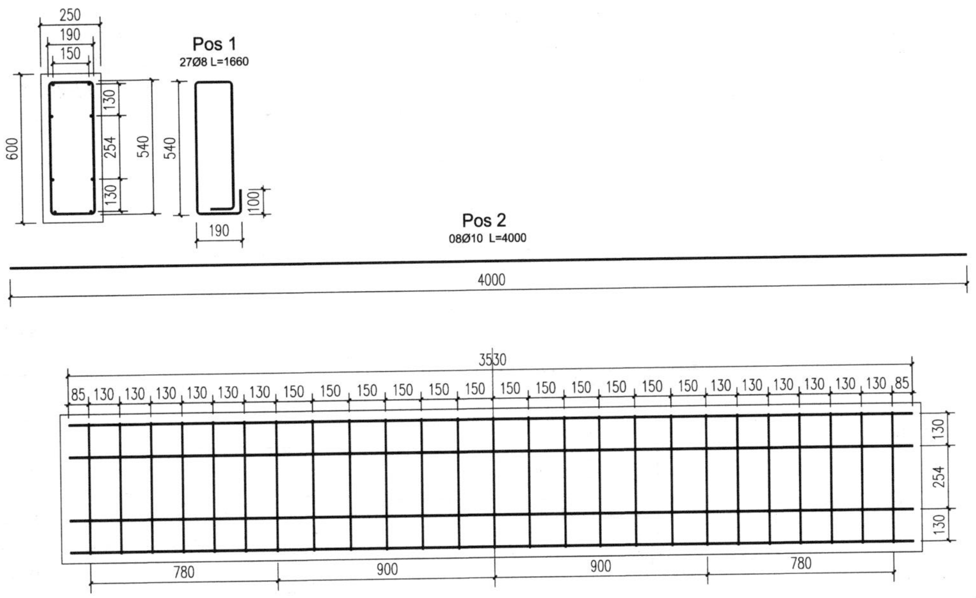

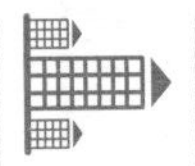

Pos 1
27Ø8 L=1660

Pos 2
08Ø10 L=4000

4000

3530

85 130 130 130 130 130 130 150 150 150 150 150 150 150 150 150 150 150 150 130 130 130 130 130 130 85

130 254 130

780 900 900 780

Steel list					
Position	Piece	Ø[mm]	Single length[m]	Total length[m]	Mass [kg]
1	25	8	1.66	38.18	15.08
2	8	10	4	32.00	19.75
Total Mass :					34.83

Test Project for the 45th WorldSkills Competition in Kazan, Russia 2019.

worldskills

Skill: 46-Concrete construction work			
Scale: 1:15	Date: 15.5.2019	Paper:A3	
Drawn / Design by: nane of designer			Drawing No: WSC2019_TP_RU_01_EN
Description:Test Project Beam reinforcement			Rev: 1 / Page: 1 of 1

2.3 第一届国家技能大赛试题图纸

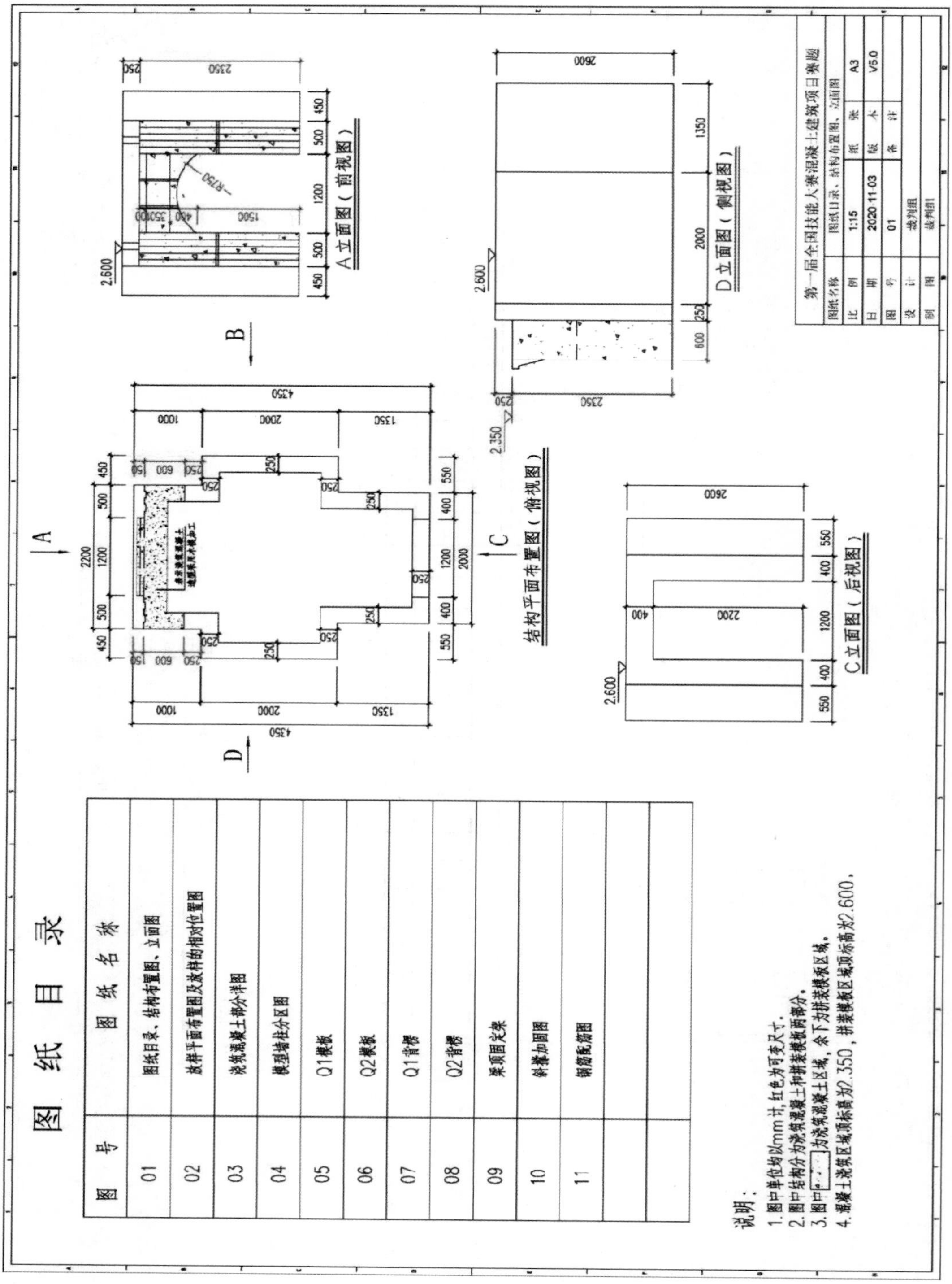

图纸目录

图号	图纸名称
01	图纸目录、结构布置图、立面图
02	放样平面布置图及放样的相对位置图
03	浇筑混凝土部分详图
04	模型墙柱分区图
05	Q1模板
06	Q2模板
07	Q1背楞
08	Q2背楞
09	梁顶固定架
10	斜撑加固图
11	钢筋配筋图

说明：

1. 图中单位均以mm计，红色为可变尺寸。
2. 图中结构分为浇筑混凝土和拼装模板两部分。
3. 图中[ ]为浇筑混凝土区域，余下为拼装模板区域。
4. 混凝土浇筑区域顶标高为2.350，拼装模板区域顶标高为2.600。

结构平面布置图（俯视图）

A立面图（前视图）

D立面图（侧视图）

C立面图（后视图）

第一届全国技能大赛混凝土建筑项目赛题			
图纸名称	图纸目录、结构布置图、立面图		
比例	1:15	纸张	A3
日期	2020.11.03	版本	V5.0
图号	01	备注	
设计	裁判组		
制图	裁判组		

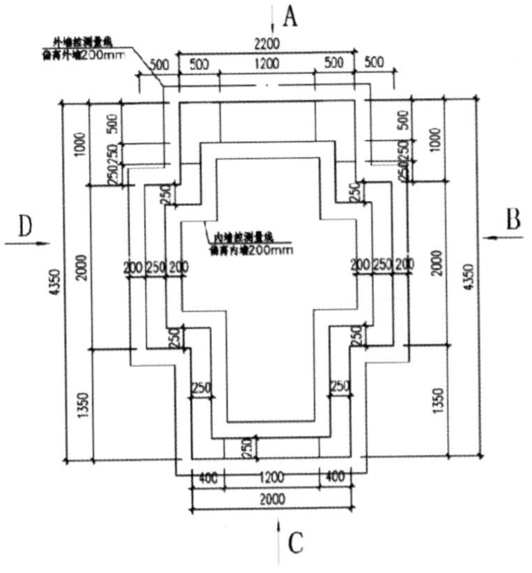

A

2200

外墙控测量线
偏离外墙200mm

500 500 1200 500 500

1000 500 250 250

内墙控测量线
偏离内墙200mm

200 250 200

D B

4350 2000 1350

250 250 250 250 250 250

400 1200 400

2000

C

放样平面布置图

定位轴线1 A

3500

此区域为±0.000
标高基准点区域

1000

300 300

基准点

定位轴线2

500 500

750

1100 1100

D B

C

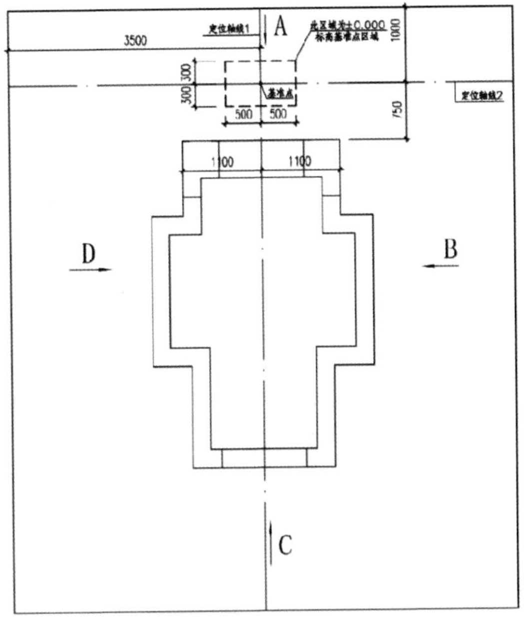

放样图与操作平台的相对位置图

第一届全国技能大赛混凝土建筑项目赛题			
图纸名称	放样平面布置图及放样的相对位置图		
比　例	1:15	纸　张	A3
日　期	2020-11-03	版　本	V5.0
图　号	02	备　注	
设　计	裁判组		
制　图	裁判组		

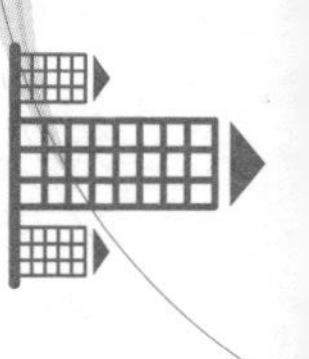

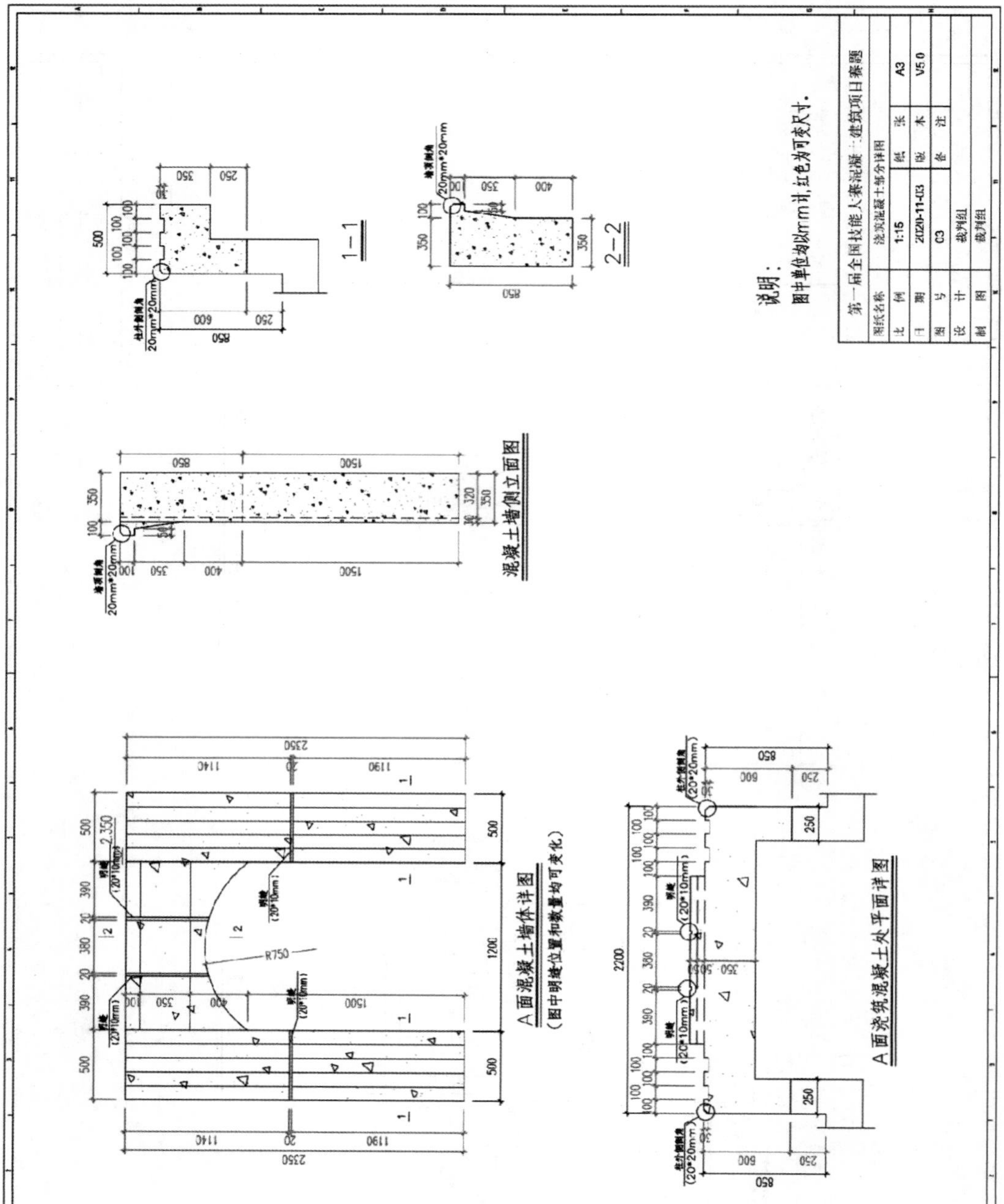

A面混凝土墙体详图

（图中明缝位置和数量均可变化）

混凝土墙侧立面图

1—1

2—2

A面浇筑混凝土处平面详图

说明：

图中单位均以mm计，红色为可变尺寸。

第一届全国技能大赛混凝土建筑项目赛题			
图纸名称	浇筑混凝土部分详图		
比　例	1:15	纸　张	A3
日　期	2020-11-03	版　本	V5.0
图　号	C3	备　注	
设　计	裁判组		
制　图	裁判组		

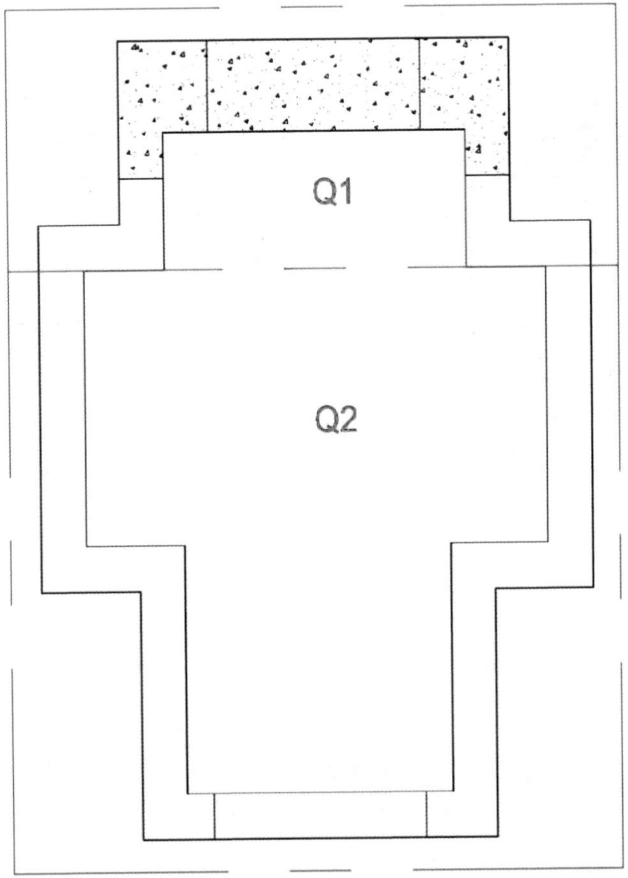

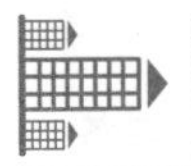

Q1

Q2

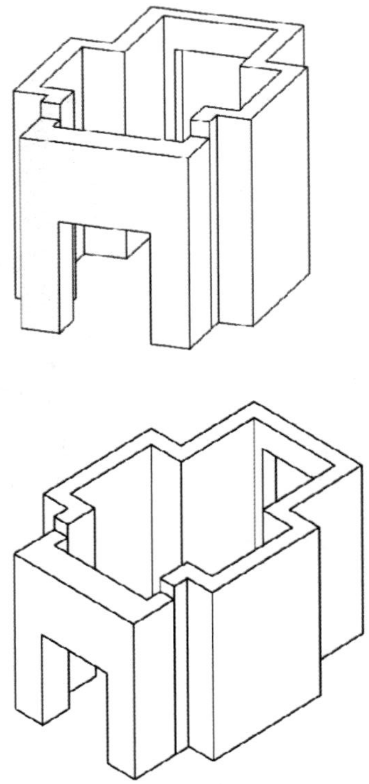

模型墙柱分区图

第一届全国技能大赛混凝土建筑项目赛题			
图纸名称	模型墙柱分区图		
比　例	1:15	纸　张	A3
日　期	2020-11-03	版　本	V5.0
图　号	04	备　注	
设　计	裁判组		
制　图	裁判组		

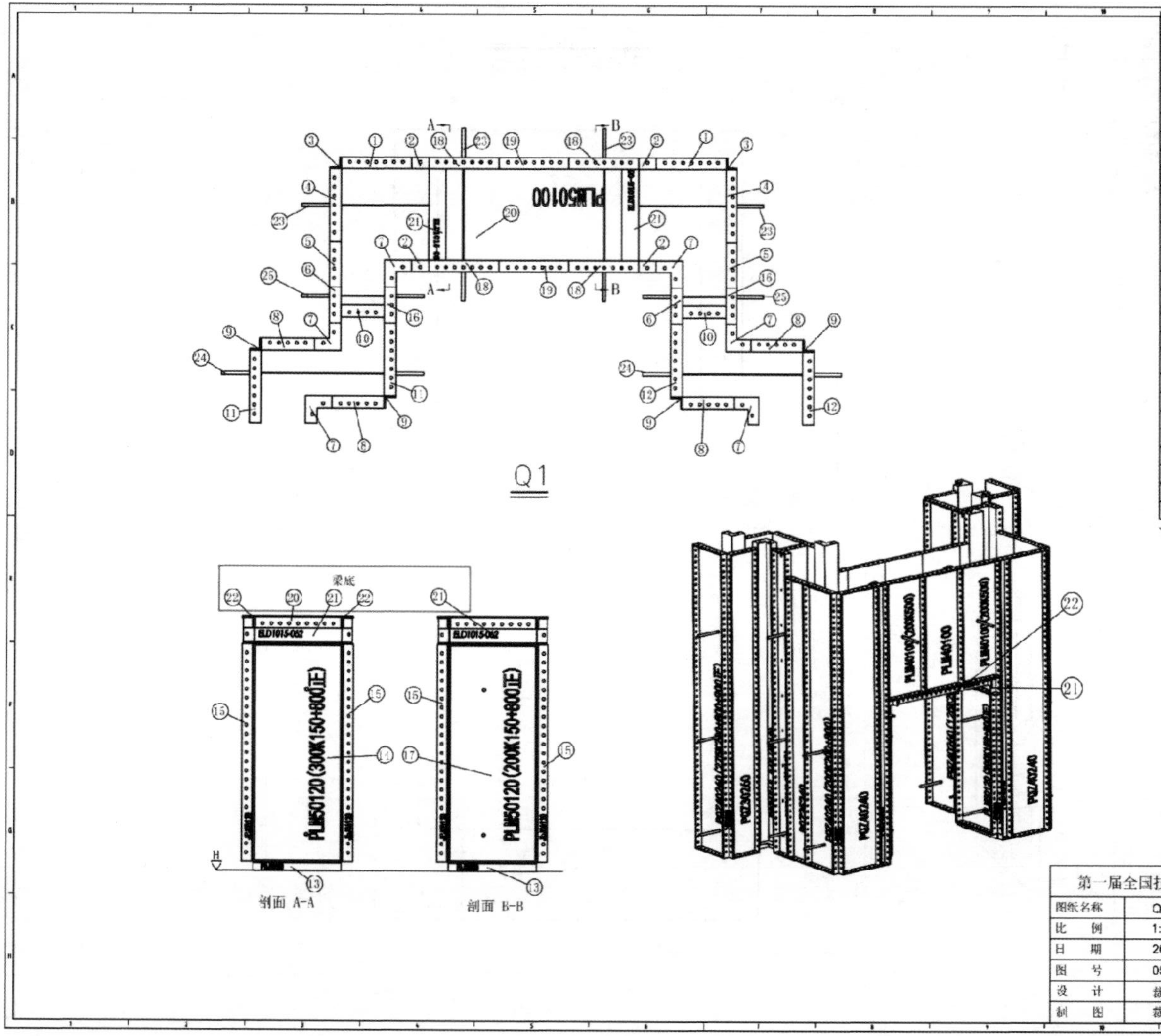

序号	零件名称	数量
1	PQZ40240	2
2	PQZ10240	4
3	JLJ06240	2
4	PQZ40240（200K200+800）	2
5	PQZ25240	2
6	PQZ20260（特殊正）	2
7	EQZ1515-265（切10）	6
8	PQZ30260	4
9	JLJ06260	4
10	PQZ25260	2
11	PQZ40260（125K200+800+900正）	2
12	PQZ40260（275K200+800+900正）	2
13	PDJ05050	2
14	PLM50120（300K150+800正）	1
15	JLJ06120	4
16	PQZ20260（特殊反）	2
17	PLM50120（200K150+600正）	1
18	PLM40100（200K500）	4
19	PLM40100	2
20	PLM50100	1
21	ELD1015-062	2
22	JLJ06100	2
23	TR18X950	6
24	TR18X1150	6
25	TR18X700	6

Q1

梁底

剖面 A-A

剖面 B-B

第一届全国技能大赛混凝土建筑项目赛题			
图纸名称	Q1模板		
比　例	1:15	纸　张	A3
日　期	2020-11-03	版　本	V5.0
图　号	05	备　注	
设　计	裁判组		
制　图	裁判组		

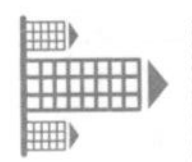

序号	零件名称	数量
1	PQZ40260K20	16
2	PQZ40260	14
3	JLJ06260	6
4	EQZ1515-265（切10）	6
5	PQZ40260（275K200+800+900工）	1
6	PQZ40260（125K200+800+900工）	1
7	PQZ25205K20	2
8	JLJ06205	4
9	PLM40120	2
10	ELD1015-037	2
11	PQD25100	1
12	TR18X700	24
13	TR18X850	6

剖面 A-A
对称安装

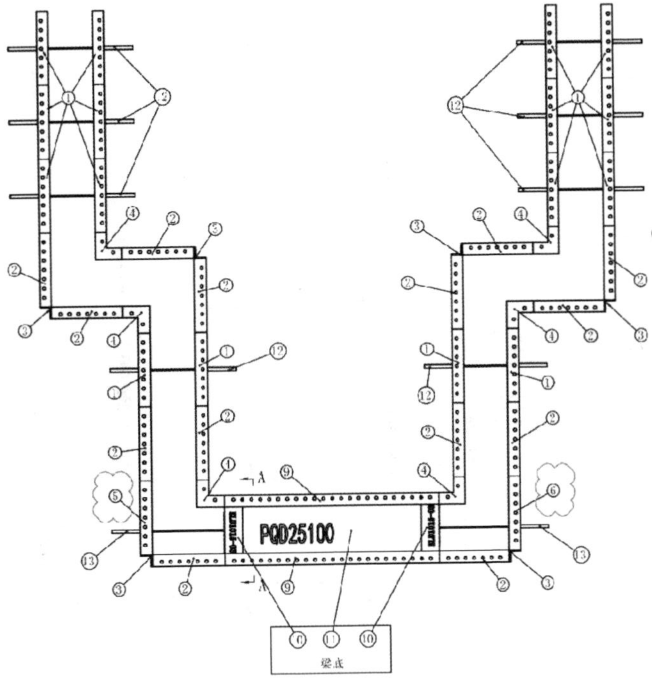

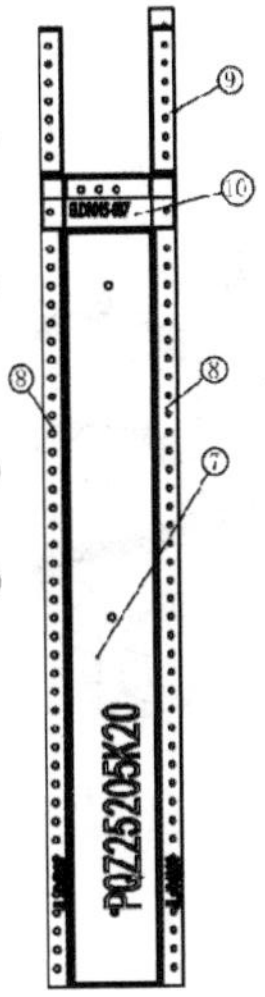

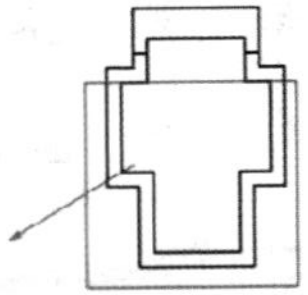

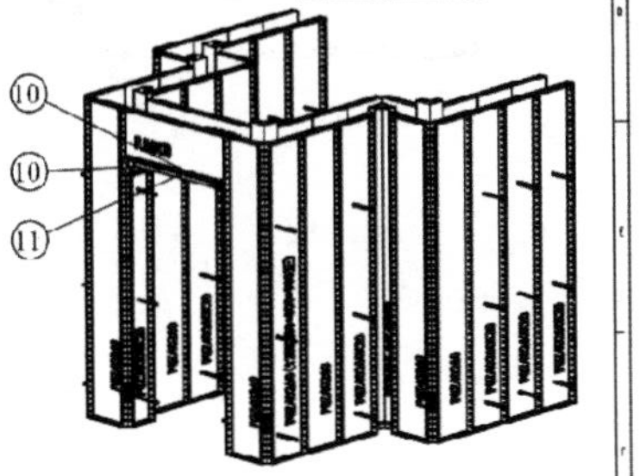

Q2

第一届全国技能大赛混凝土建筑项目赛题			
图纸名称	Q2模板		
比　例	1:15	纸　张	A3
日　期	2020-11-03	版　本	V5.0
图　号	06	备　注	
设　计	裁判组		
制　图	裁判组		

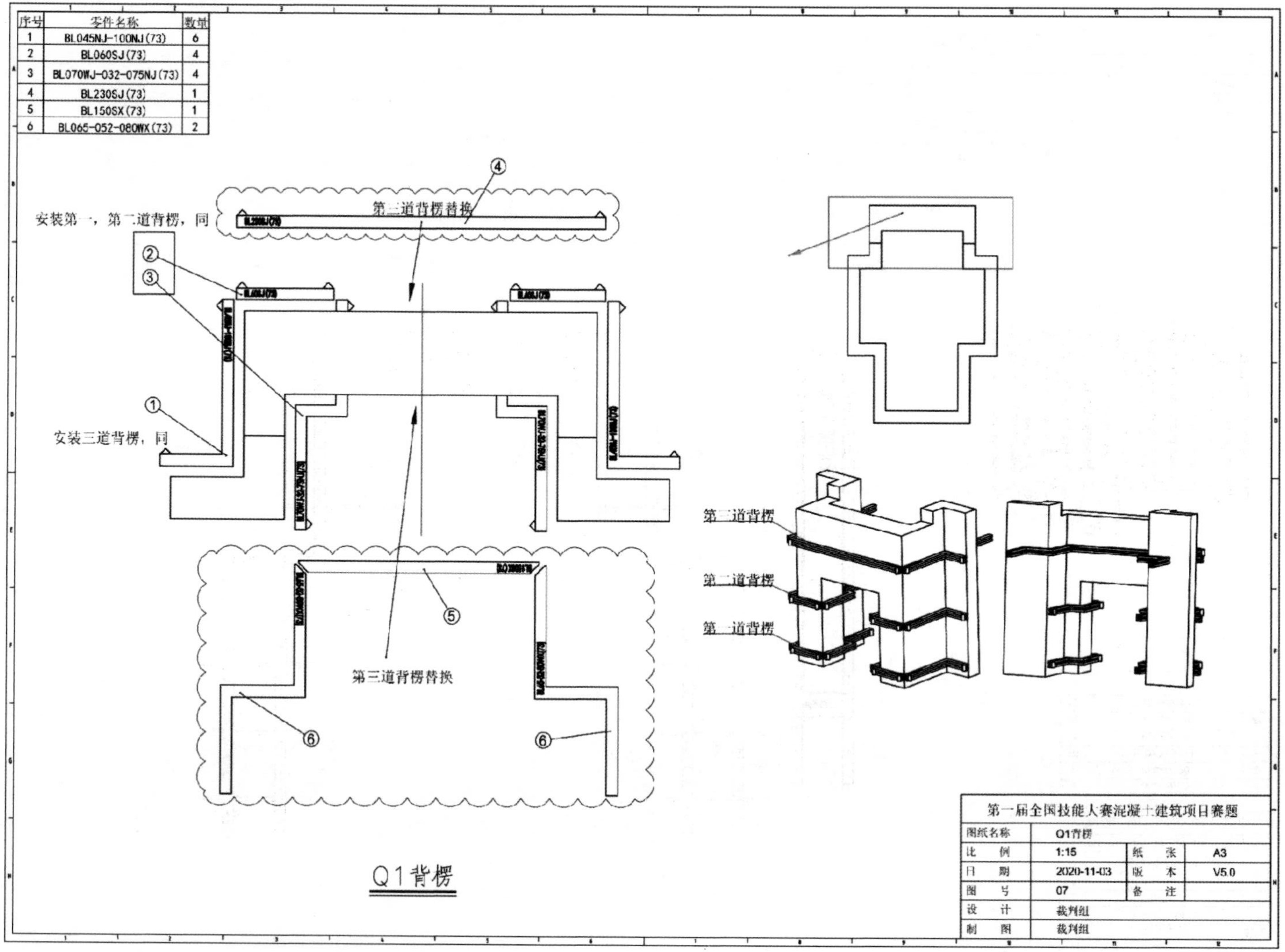

序号	零件名称	数量
1	BL045NJ-100NJ(73)	6
2	BL060SJ(73)	4
3	BL070WJ-032-075NJ(73)	4
4	BL230SJ(73)	1
5	BL150SX(73)	1
6	BL065-052-080WX(73)	2

安装第一，第二道背楞，同

第三道背楞替换

安装三道背楞，同

第三道背楞替换

第三道背楞

第二道背楞

第一道背楞

Q1背楞

第一届全国技能人赛混凝土建筑项目赛题			
图纸名称	Q1背楞		
比　例	1:15	纸　张	A3
日　期	2020-11-03	版　本	V5.0
图　号	07	备　注	
设　计	裁判组		
制　图	裁判组		

序号	零件名称	数量
1	BL210SJ(73)	6
2	BL055NJ-145(73)	6
3	BL045NJ-065(73)	4
4	BL055NJ-065(73)	6
5	BL055-022-135NJ(73)	6
6	U型背楞连接件	6

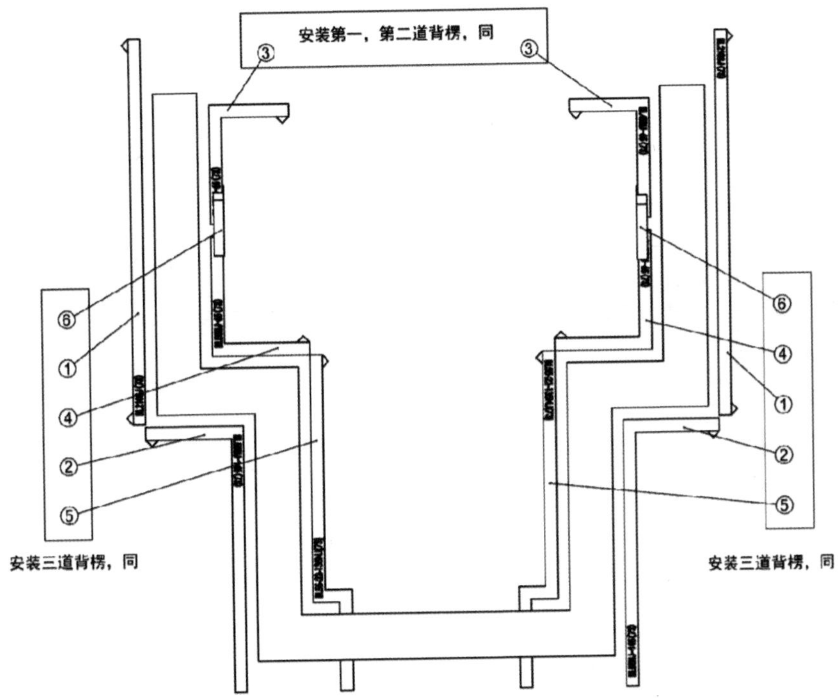

安装第一，第二道背楞，同

安装三道背楞，同

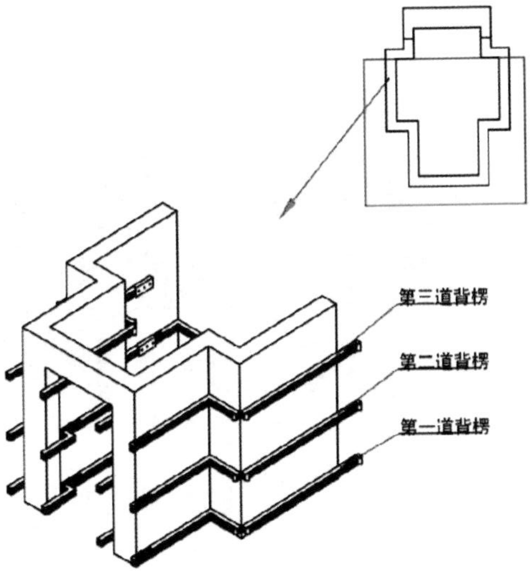

安装三道背楞，同

第三道背楞

第二道背楞

第一道背楞

Q2背楞

第一届全国技能大赛混凝土建筑项目赛题			
图纸名称	Q2背楞		
比　例	1:15	纸　张	A3
日　期	2020-11-03	版　本	V5.0
图　号	08	备　注	
设　计	裁判组		
制　图	裁判组		

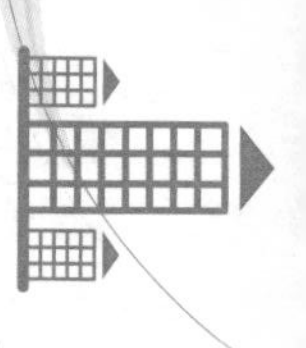

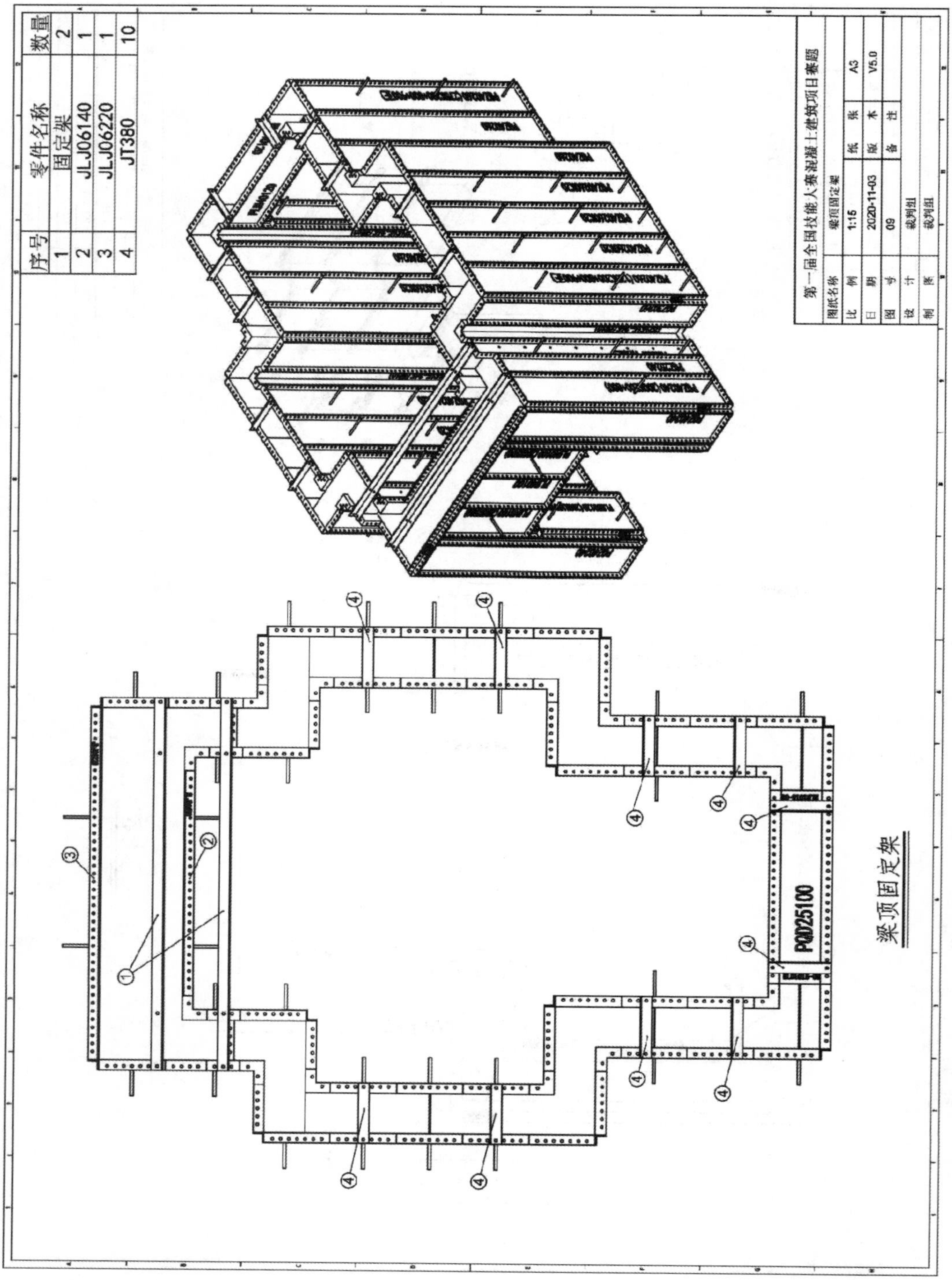

序号	零件名称	数量
1	固定架	2
2	JLJ06140	1
3	JLJ06220	1
4	JT380	10

①
②
③
④
PQD25100

梁顶固定架

第一届全国技能大赛混凝土建筑项目赛题			
图纸名称	梁顶固定架		
比　例	1:15	纸　张	A3
日　期	2020-11-03	版　本	V5.0
图　号	09	备　注	
设　计	裁判组		
制　图	裁判组		

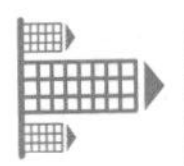

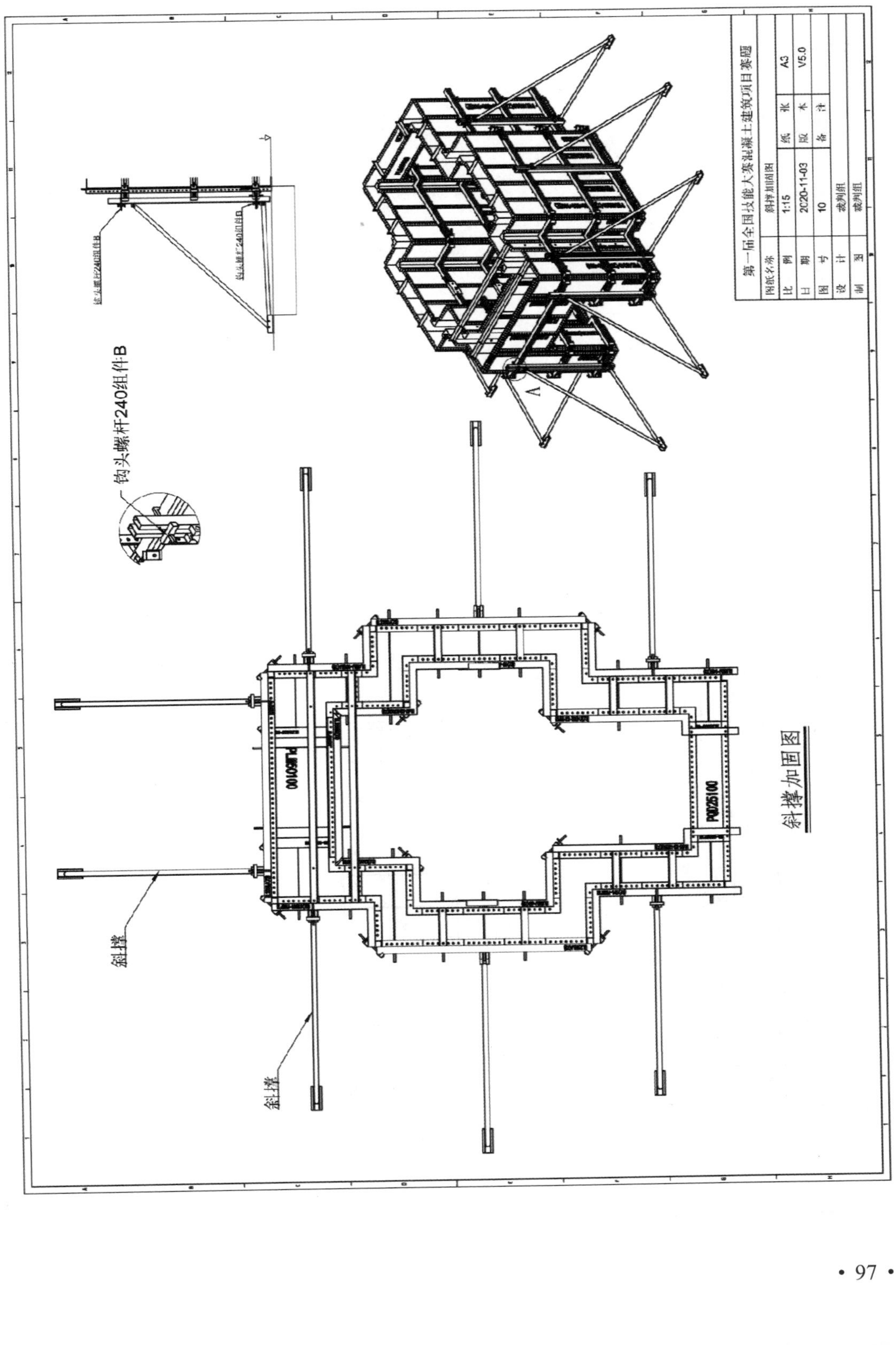

斜撑

斜撑

PLB50100

PQD25100

钩头螺杆240组件B

钩头螺杆240组件B

钩头螺杆240组件B

A

斜撑加固图

第一届全国技能大赛混凝土建筑项目赛题			
图纸名称	斜撑加固图		
比　例	1:15	纸　张	A3
日　期	2020-11-03	版　本	V5.0
图　号	10	备　注	
设　计	裁判组		
制　图	裁判组		

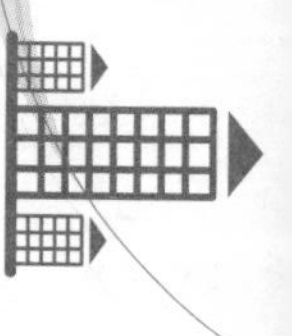

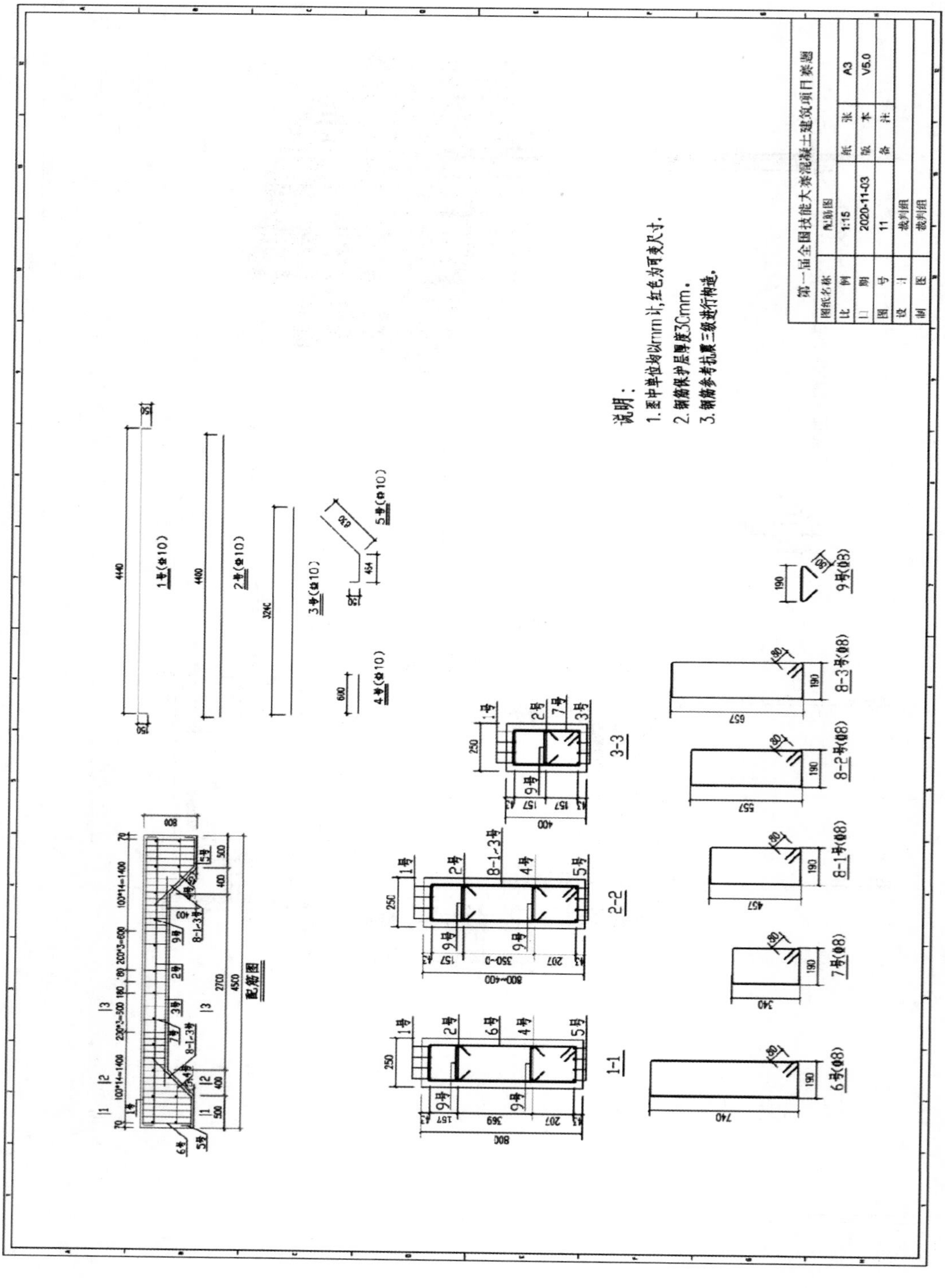

配筋图

1号(Φ10)

2号(Φ10)

3号(Φ10)

4号(Φ10)

5号(Φ10)

1-1

2-2

3-3

6号(Φ8)

7号(Φ8)

8-1号(Φ8)

8-2号(Φ8)

8-3号(Φ8)

9号(Φ8)

说明：

1. 图中单位均以mm计，红色为可变尺寸。
2. 钢筋保护层厚度30mm。
3. 钢筋参考抗震三级进行构造。

第一届全国技能大赛混凝土建筑项目赛题			
图纸名称	配筋图		
比　例	1:15	纸　张	A3
日　期	2020-11-03	版　本	V5.0
图　号	11	备　注	
设　计	裁判组		
制　图	裁判组		

2.4 第 46 届世赛特别赛试题图纸

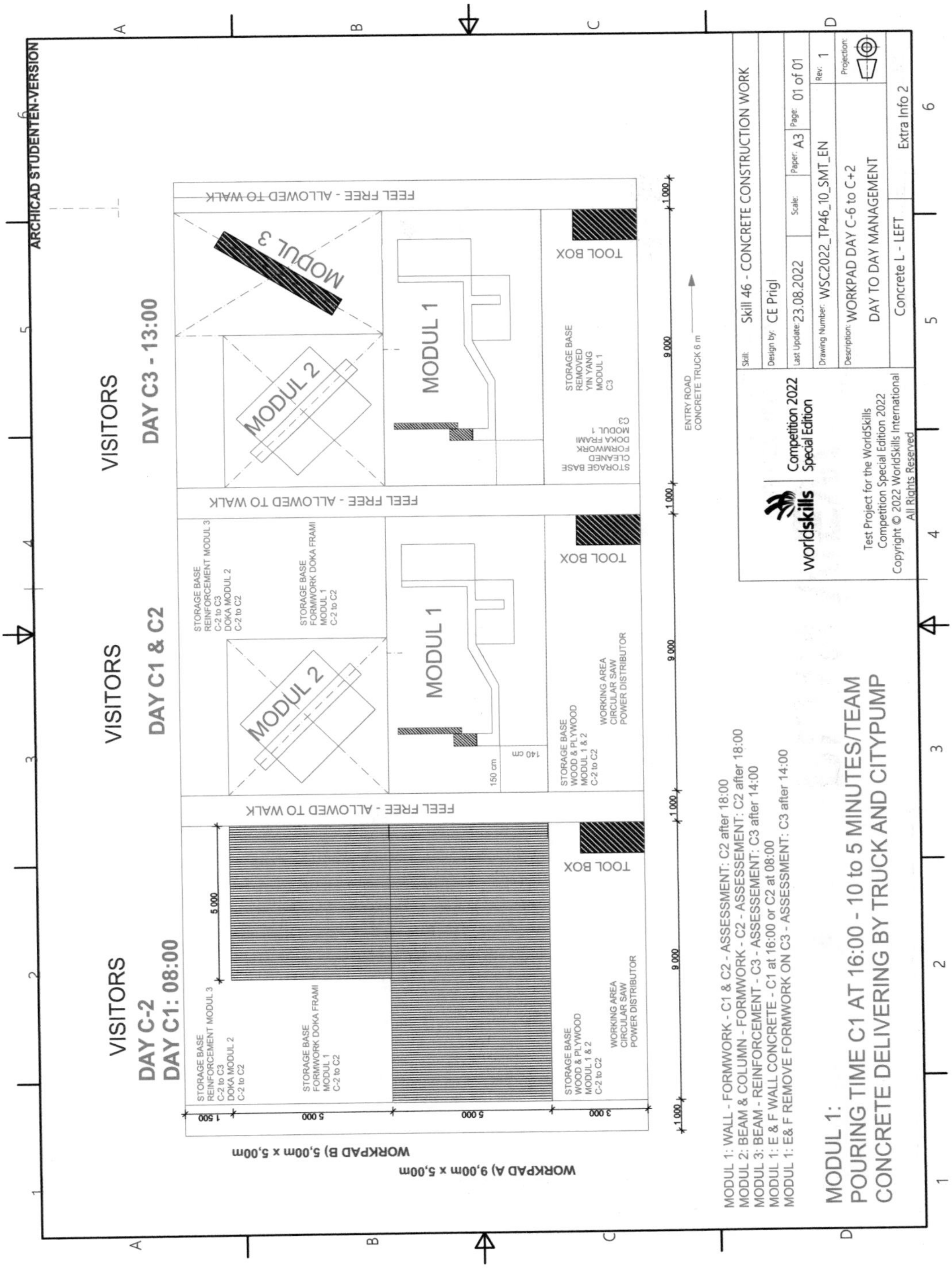

ARCHICAD STUDENTEN-VERSION

VISITORS

DAY C-2

DAY C1: 08:00

VISITORS

DAY C1 & C2

VISITORS

DAY C3 - 13:00

WORKPAD A) 9,00m x 5,00m

WORKPAD B) 5,00m x 5,00m

STORAGE BASE
REINFORCEMENT MODUL 3
C-2 to C3
DOKA MODUL 2
C-2 to C2

STORAGE BASE
FORMWORK DOKA FRAMI
MODUL 1
C-2 to C2

STORAGE BASE
WOOD & PLYWOOD
MODUL 1 & 2
C-2 to C2

WORKING AREA
CIRCULAR SAW
POWER DISTRIBUTOR

TOOL BOX

FEEL FREE - ALLOWED TO WALK

MODUL 2

MODUL 1

150 cm

140 cm

STORAGE BASE
REINFORCEMENT MODUL 3
C-2 to C3
DOKA MODUL 2
C-2 to C2

STORAGE BASE
FORMWORK DOKA FRAMI
MODUL 1
C-2 to C2

STORAGE BASE
WOOD & PLYWOOD
MODUL 1 & 2
C-2 to C2

WORKING AREA
CIRCULAR SAW
POWER DISTRIBUTOR

TOOL BOX

FEEL FREE - ALLOWED TO WALK

MODUL 2

MODUL 3

MODUL 1

STORAGE BASE
CLEANED
FORMWORK
DOKA FRAMI
MODUL 1
C3

STORAGE BASE
REMOVED
YIN YANG
MODUL 1
C3

TOOL BOX

FEEL FREE - ALLOWED TO WALK

1 500 5 000 5 000 3 000

5 000

1 000 9 000 1 000 9 000 1 000 9 000 1 000

ENTRY ROAD
CONCRETE TRUCK 6 m

MODUL 1: WALL - FORMWORK - C1 & C2 - ASSESSMENT: C2 after 18:00
MODUL 2: BEAM & COLUMN - FORMWORK - C2 - ASSESSMENT: C2 after 18:00
MODUL 3: BEAM - REINFORCEMENT - C3 - ASSESSMENT: C3 after 14:00
MODUL 1: E & F WALL CONCRETE - C1 at 16:00 or C2 at 08:00
MODUL 1: E& F REMOVE FORMWORK ON C3 - ASSESSMENT: C3 after 14:00

MODUL 1:
POURING TIME C1 AT 16:00 - 10 to 5 MINUTES/TEAM
CONCRETE DELIVERING BY TRUCK AND CITYPUMP

worldskills Competition 2022 Special Edition

Test Project for the WorldSkills Competition Special Edition 2022

Skill:	Skill 46 - CONCRETE CONSTRUCTION WORK
Design by:	CE Prigl
Last Update:	23.08.2022
Scale:	
Paper:	A3
Page:	01 of 01
Drawing Number:	WSC2022_TP46_10_SMT_EN
Rev:	1
Description:	WORKPAD DAY C-6 to C+2 DAY TO DAY MANAGEMENT
Projection:	
Concrete L - LEFT	Extra Info 2

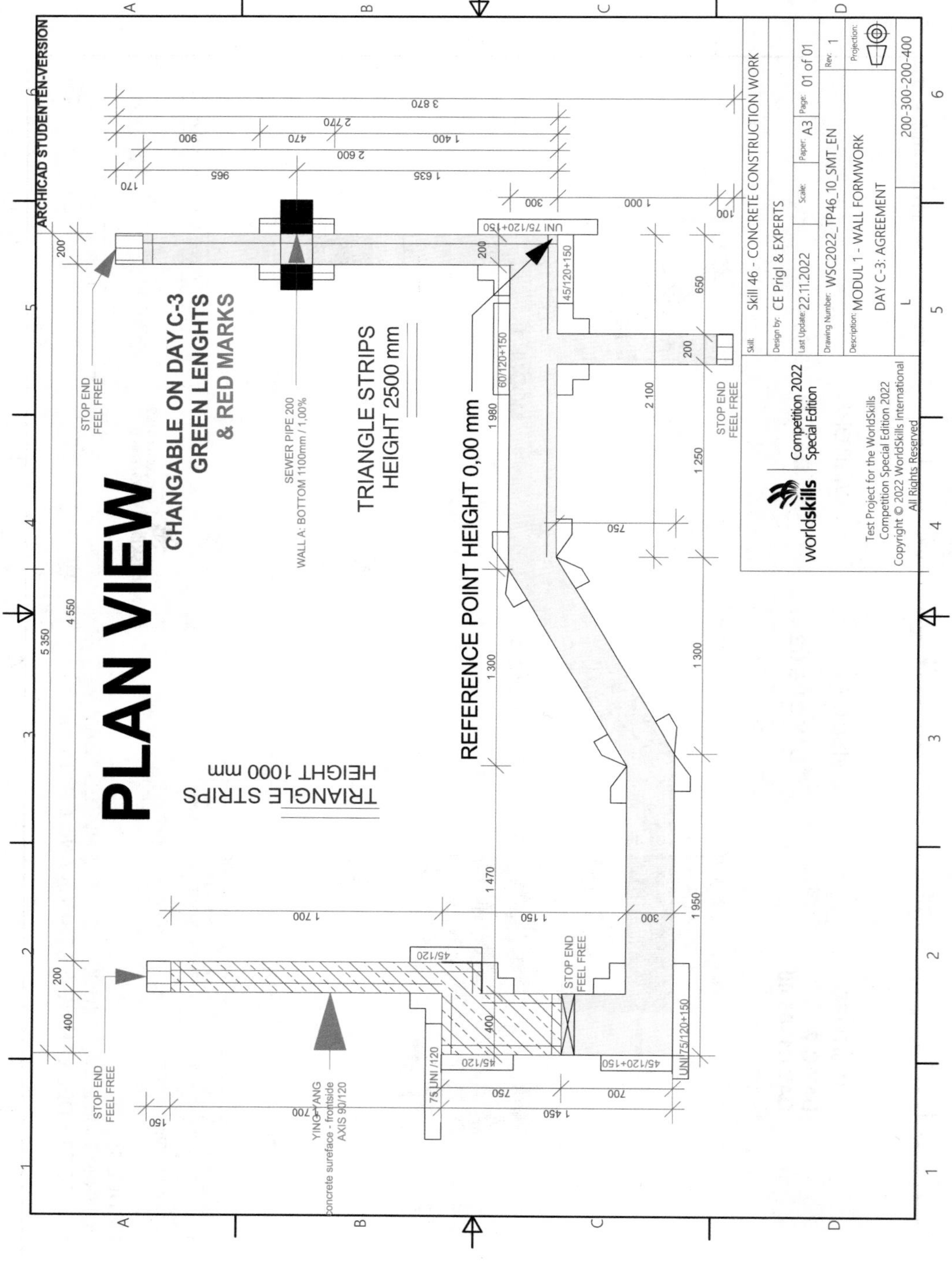

PLAN VIEW

CHANGABLE ON DAY C-3
GREEN LENGHTS
& RED MARKS

ARCHICAD STUDENTEN-VERSION

STOP END
FEEL FREE

YING-YANG
concrete sureface - frontside
AXIS 90/120

TRIANGLE STRIPS
HEIGHT 1000 mm

SEWER PIPE 200
WALL A: BOTTOM 1100mm / 1,00%

TRIANGLE STRIPS
HEIGHT 2500 mm

REFERENCE POINT HEIGHT 0,00 mm

75 UNI /120

45/120

60/120+150

45/120+150

UNI 75/120+150

5 350

4 550

400

200

150

700

1 700

750

1 450

1 150

300

1 470

1 300

1 980

1 950

1 250

650

2 100

1 000

100

170

965

900

470

2 600

2 770

1 635

1 400

3 870

worldskills Competition 2022 Special Edition	Skill: Skill 46 - CONCRETE CONSTRUCTION WORK
	Design by: CE Prigl & EXPERTS
	Last Update: 22.11.2022 · Scale: · Paper: A3 · Page: 01 of 01
	Drawing Number: WSC2022_TP46_10_SMT_EN · Rev: 1
Test Project for the WorldSkills Competition Special Edition 2022	Description: MODUL 1 - WALL FORMWORK DAY C-3: AGREEMENT · Projection:
	L · 200-300-200-400

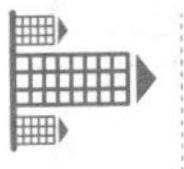

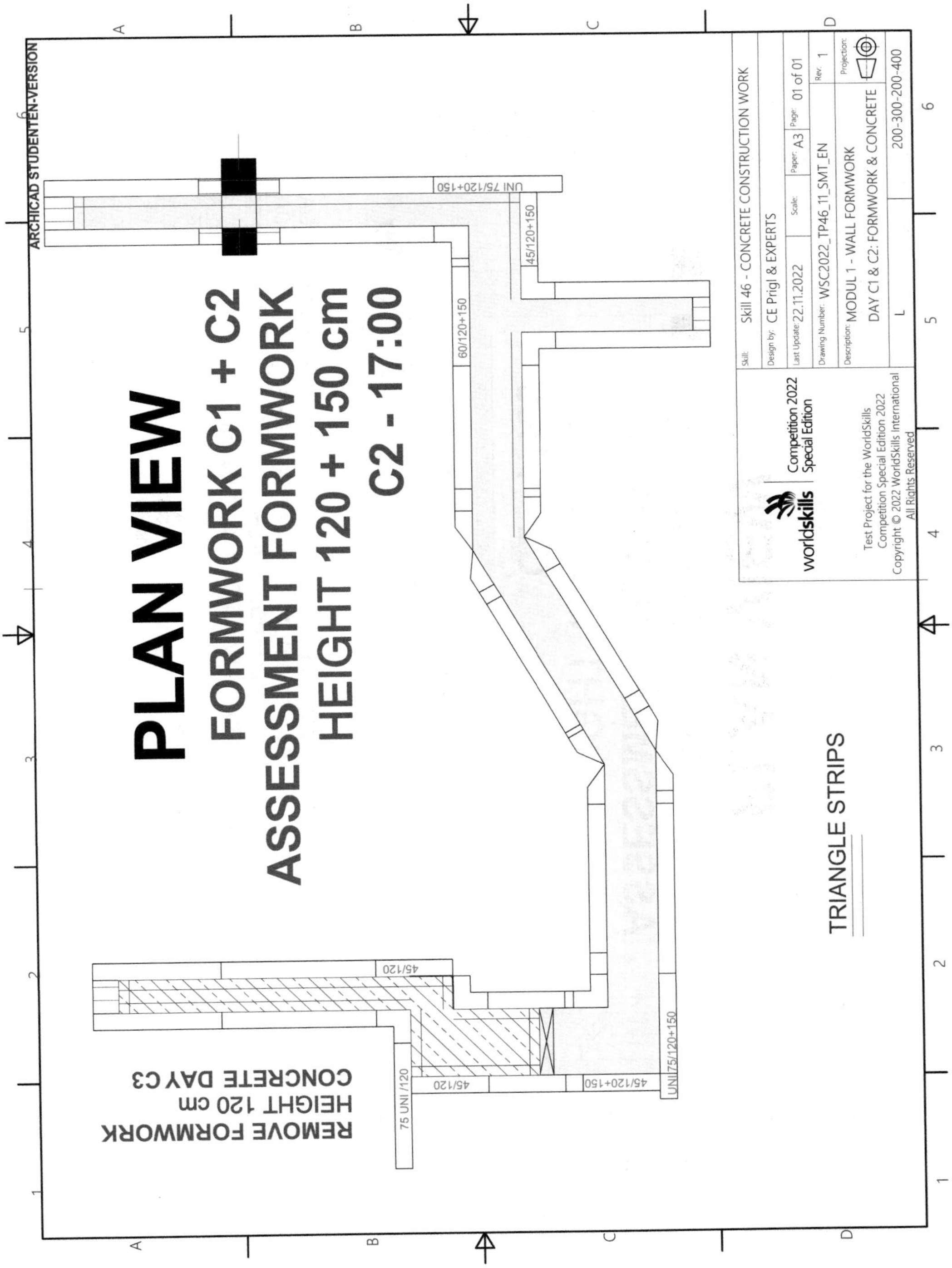

ARCHICAD STUDENTEN-VERSION

PLAN VIEW

FORMWORK C1 + C2
ASSESSMENT FORMWORK
HEIGHT 120 + 150 cm
C2 - 17:00

REMOVE FORMWORK
HEIGHT 120 cm
CONCRETE DAY C3

75 UNI /120

45/120

45/120

45/120+150

UNI 75/120+150

60/120+150

45/120+150

UNI 75/120+150

TRIANGLE STRIPS

worldskills Competition 2022 Special Edition

Test Project for the WorldSkills Competition Special Edition 2022

Skill: Skill 46 - CONCRETE CONSTRUCTION WORK			
Design by: CE Prigl & EXPERTS			
Last Update: 22.11.2022	Scale:	Paper: A3	Page: 01 of 01
Drawing Number: WSC2022_TP46_11_SMT_EN			Rev: 1
Description: MODUL 1 - WALL FORMWORK DAY C1 & C2: FORMWORK & CONCRETE			Projection:
L	200-300-200-400		

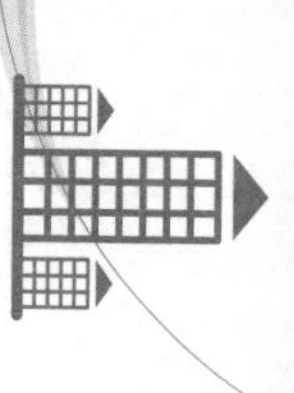

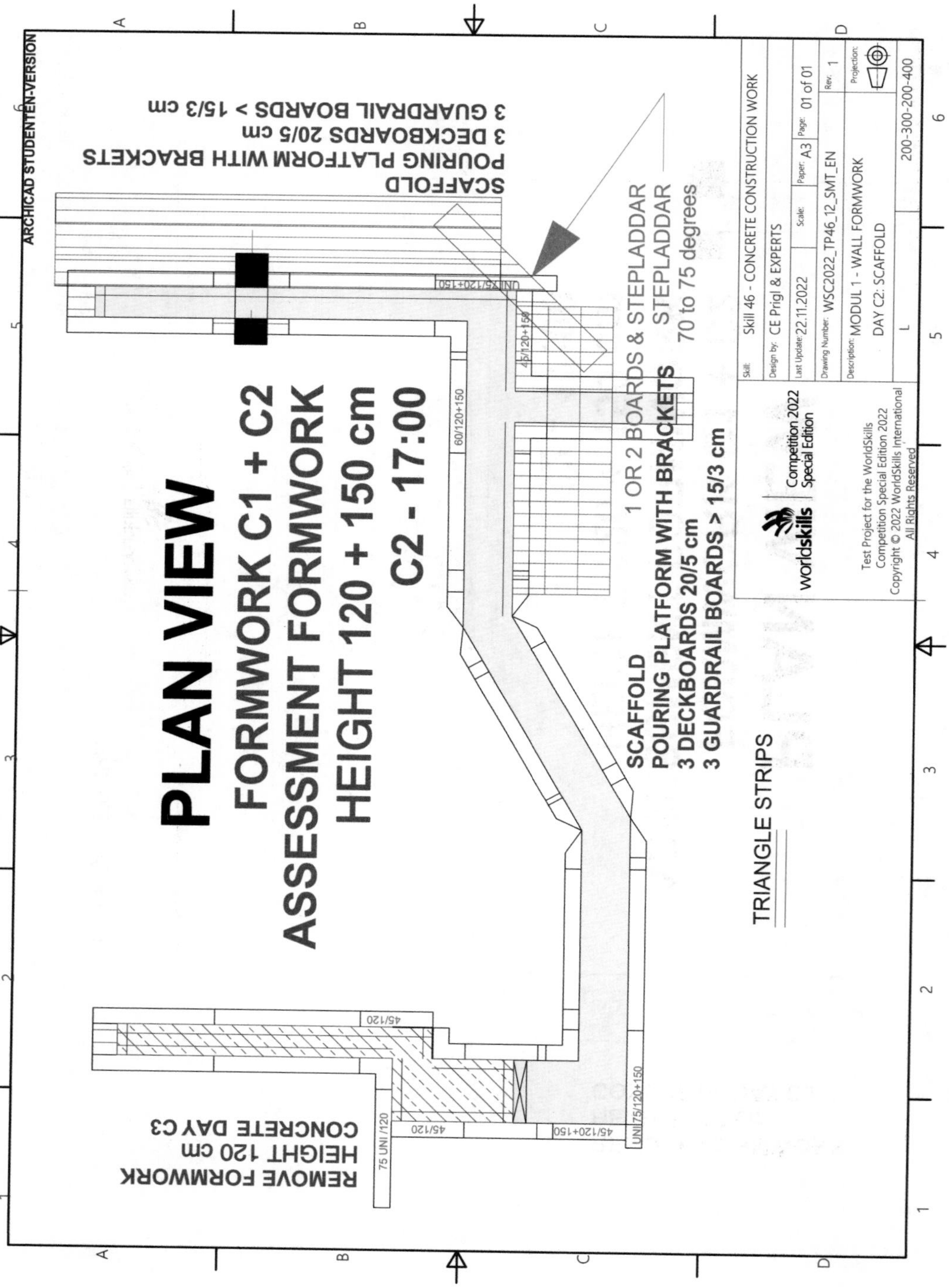

ARCHICAD STUDENTEN-VERSION
PLAN VIEW
FORMWORK C1 + C2
ASSESSMENT FORMWORK
HEIGHT 120 + 150 cm
C2 - 17:00
REMOVE FORMWORK
HEIGHT 120 cm
CONCRETE DAY C3
75 UNI /120
45/120
45/120
45/120+150
UNI 75/120+150
60/120+150
UNI 75/120+150
45/120+150
SCAFFOLD
POURING PLATFORM WITH BRACKETS
3 DECKBOARDS 20/5 cm
3 GUARDRAIL BOARDS > 15/3 cm
SCAFFOLD
POURING PLATFORM WITH BRACKETS
3 DECKBOARDS 20/5 cm
3 GUARDRAIL BOARDS > 15/3 cm
1 OR 2 BOARDS & STEPLADDAR
STEPLADDAR
70 to 75 degrees
TRIANGLE STRIPS
worldskills
Competition 2022
Special Edition
Test Project for the WorldSkills
Competition Special Edition 2022
Copyright © 2022 WorldSkills International
All Rights Reserved
Skill: Skill 46 - CONCRETE CONSTRUCTION WORK
Design by: CE Prigl & EXPERTS
Last Update: 22.11.2022
Scale:
Paper: A3
Page: 01 of 01
Drawing Number: WSC2022_TP46_12_SMT_EN
Rev. 1
Description: MODUL 1 - WALL FORMWORK
DAY C2: SCAFFOLD
Projection:
L
200-300-200-400

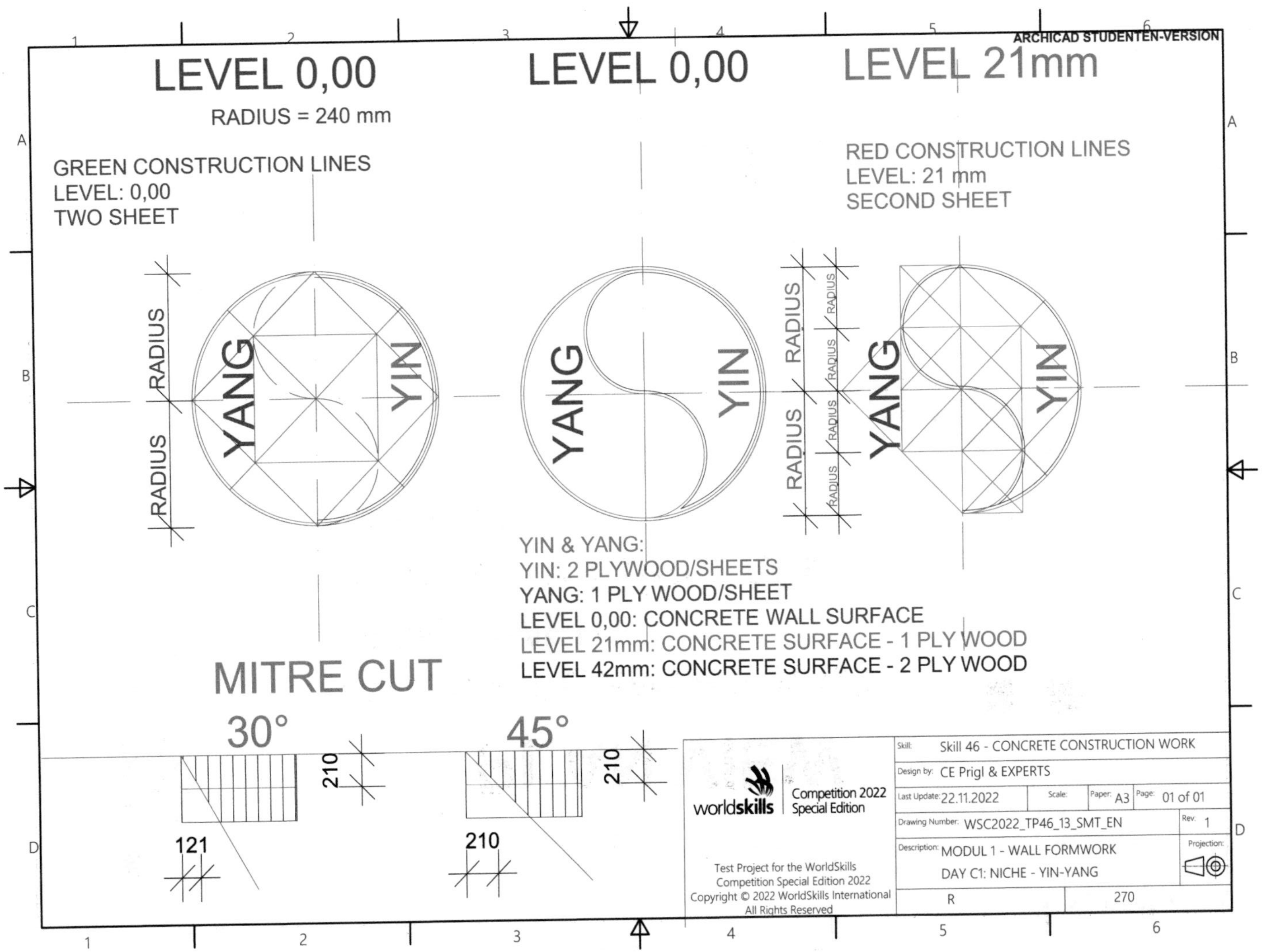

ARCHICAD STUDENTEN-VERSION

LEVEL 0,00

RADIUS = 240 mm

GREEN CONSTRUCTION LINES
LEVEL: 0,00
TWO SHEET

RADIUS
RADIUS
YANG
YIN

LEVEL 0,00

YANG
YIN

LEVEL 21mm

RED CONSTRUCTION LINES
LEVEL: 21 mm
SECOND SHEET

RADIUS
RADIUS
RADIUS
RADIUS
RADIUS
RADIUS
YANG
YIN

YIN & YANG:
YIN: 2 PLYWOOD/SHEETS
YANG: 1 PLY WOOD/SHEET
LEVEL 0,00: CONCRETE WALL SURFACE
LEVEL 21mm: CONCRETE SURFACE - 1 PLY WOOD
LEVEL 42mm: CONCRETE SURFACE - 2 PLY WOOD

MITRE CUT

30°
210
121

45°
210
210

worldskills | Competition 2022 Special Edition

Test Project for the WorldSkills Competition Special Edition 2022

Skill: Skill 46 - CONCRETE CONSTRUCTION WORK					
Design by: CE Prigl & EXPERTS					
Last Update: 22.11.2022	Scale:	Paper: A3	Page: 01 of 01		
Drawing Number: WSC2022_TP46_13_SMT_EN				Rev: 1	
Description: MODUL 1 - WALL FORMWORK DAY C1: NICHE - YIN-YANG				Projection:	
R	270				

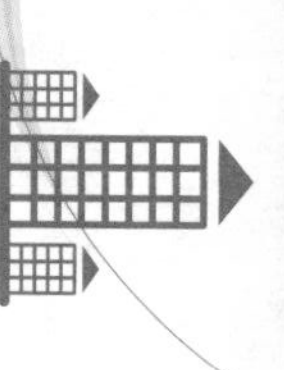

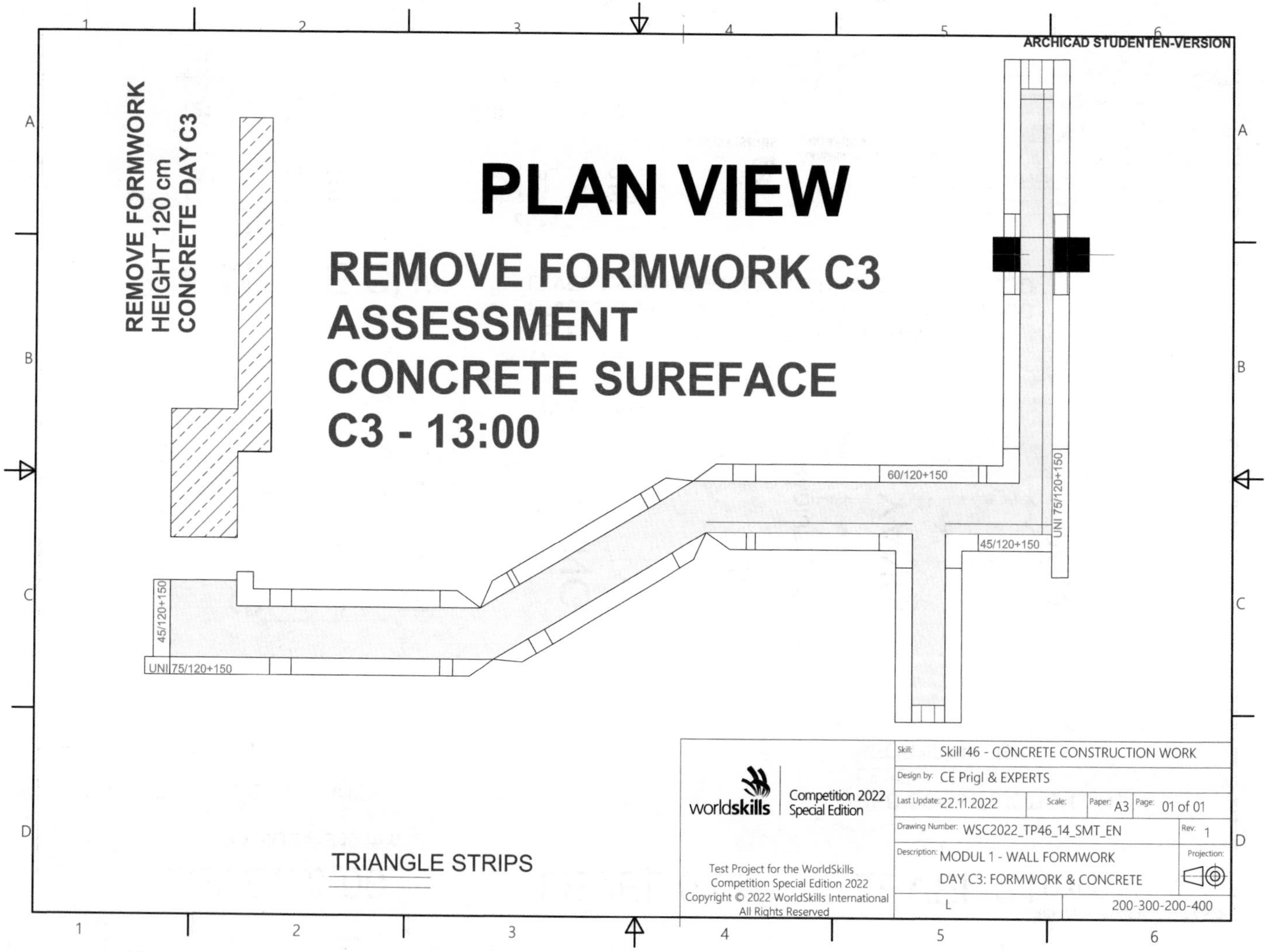
ARCHICAD STUDENTEN-VERSION
REMOVE FORMWORK
HEIGHT 120 cm
CONCRETE DAY C3
PLAN VIEW
REMOVE FORMWORK C3
ASSESSMENT
CONCRETE SUREFACE
C3 - 13:00
60/120+150
UNI 75/120+150
45/120+150
45/120+150
UNI 75/120+150
TRIANGLE STRIPS
worldskills
Competition 2022
Special Edition
Test Project for the WorldSkills Competition Special Edition 2022
Copyright © 2022 WorldSkills International
All Rights Reserved
Skill: Skill 46 - CONCRETE CONSTRUCTION WORK
Design by: CE Prigl & EXPERTS
Last Update: 22.11.2022
Scale:
Paper: A3
Page: 01 of 01
Drawing Number: WSC2022_TP46_14_SMT_EN
Rev: 1
Description: MODUL 1 - WALL FORMWORK
DAY C3: FORMWORK & CONCRETE
Projection:
L
200-300-200-400

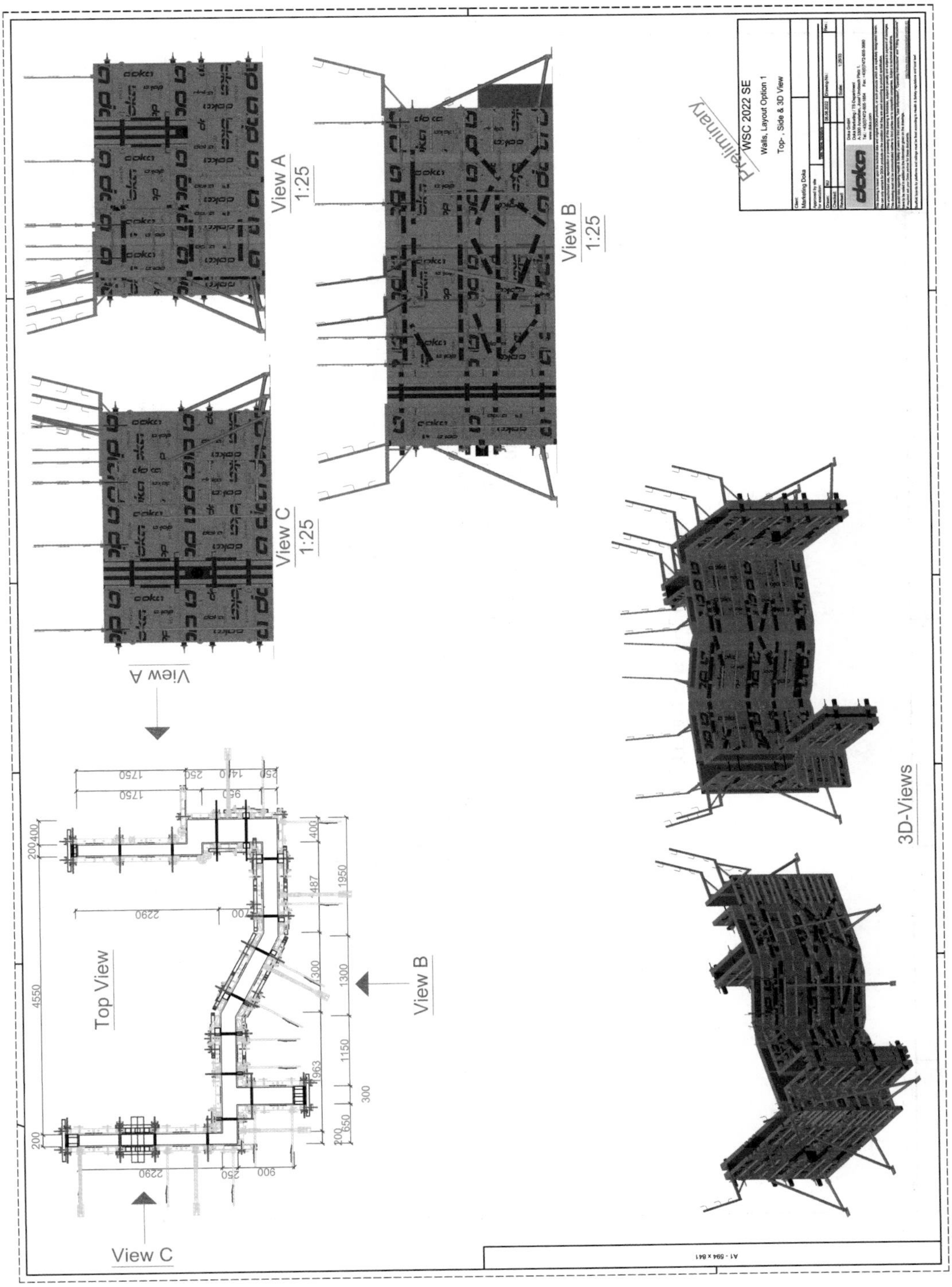

View A
1:25

View C
1:25

View B
1:25

WSC 2022 SE
Walls, Layout Option 1
Top-, Side & 3D View

Preliminary

Top View

View A

View B

View C

3D-Views

A1 - 594 x 841

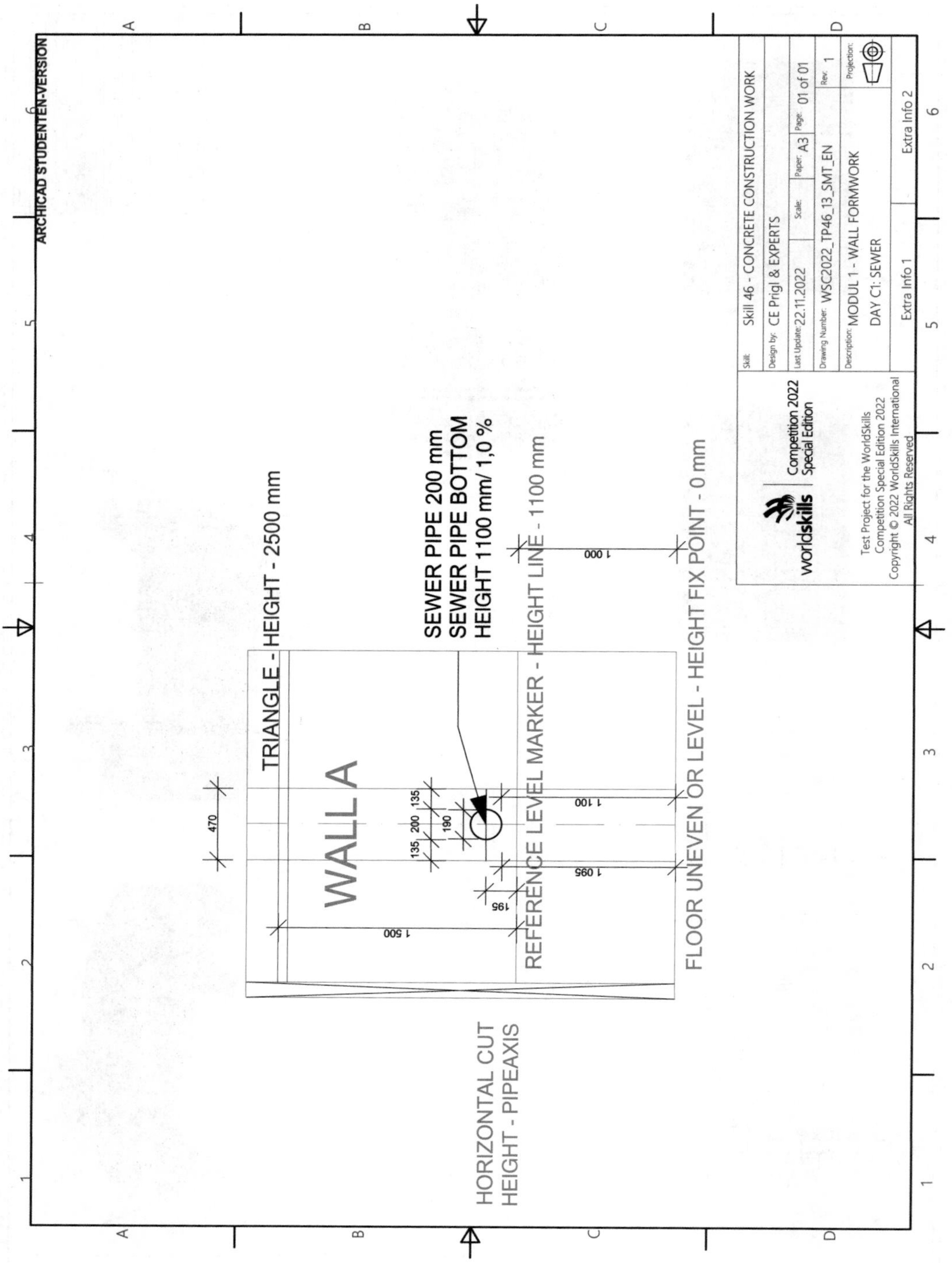

ARCHICAD STUDENTEN-VERSION

HORIZONTAL CUT
HEIGHT - PIPEAXIS

470

TRIANGLE - HEIGHT - 2500 mm

WALL A

1 500

135 200 135

190

195

SEWER PIPE 200 mm
SEWER PIPE BOTTOM
HEIGHT 1100 mm/ 1,0 %

REFERENCE LEVEL MARKER - HEIGHT LINE - 1100 mm

1 095

1 100

1 000

FLOOR UNEVEN OR LEVEL - HEIGHT FIX POINT - 0 mm

worldskills Competition 2022 Special Edition	Skill: Skill 46 - CONCRETE CONSTRUCTION WORK				
	Design by: CE Prigl & EXPERTS				
	Last Update: 22.11.2022	Scale:	Paper: A3	Page: 01 of 01	
	Drawing Number: WSC2022_TP46_13_SMT_EN			Rev: 1	
Test Project for the WorldSkills Competition Special Edition 2022	Description: MODUL 1 - WALL FORMWORK DAY C1: SEWER			Projection:	
	Extra Info 1		Extra Info 2		

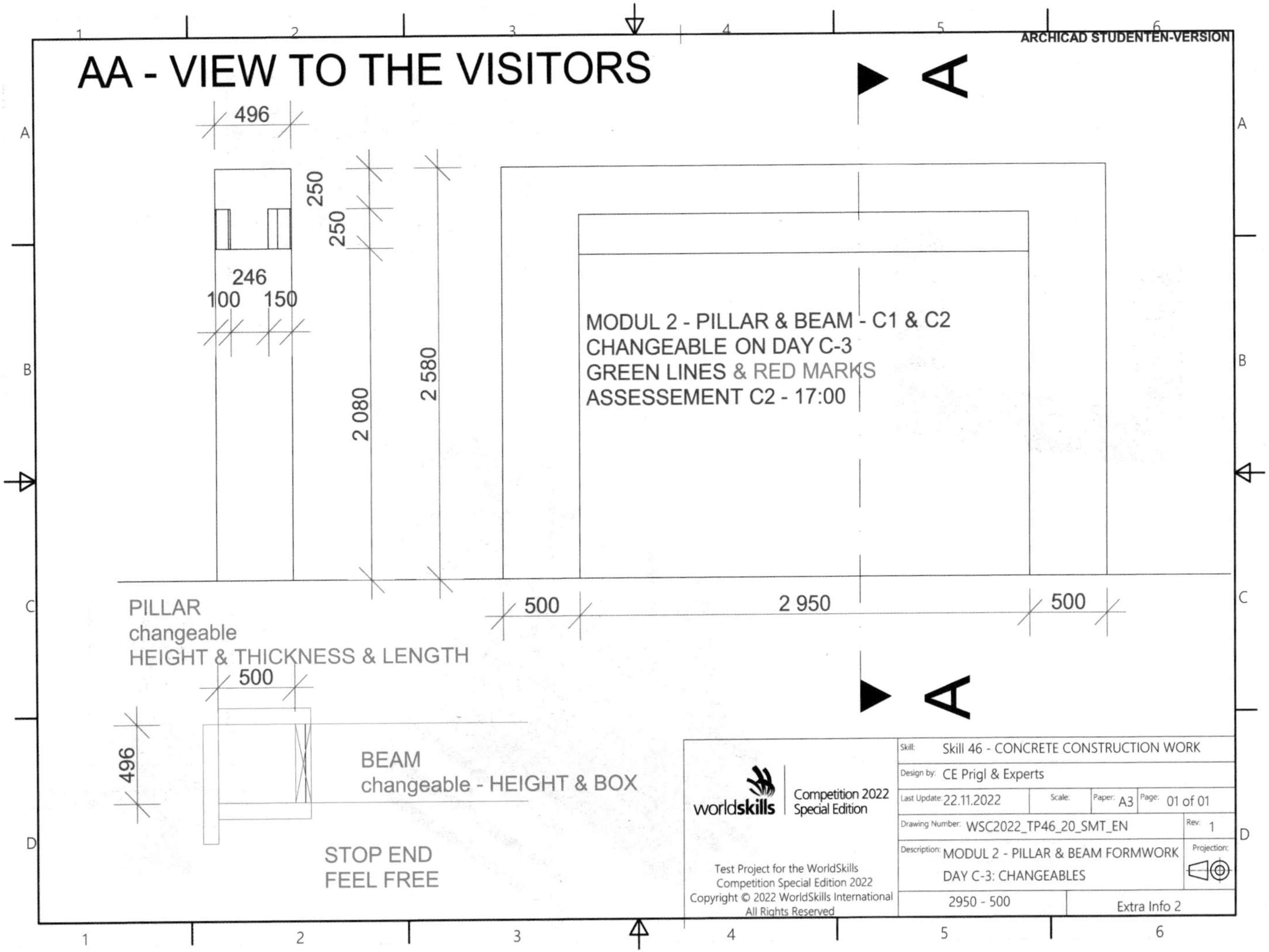

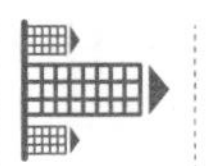

ARCHICAD STUDENTEN-VERSION

AA - VIEW TO THE VISITORS

A

A

496

250

250

246

100 150

2 080

2 580

MODUL 2 - PILLAR & BEAM - C1 & C2
CHANGEABLE ON DAY C-3
GREEN LINES & RED MARKS
ASSESSEMENT C2 - 17:00

500 | 2 950 | 500

PILLAR
changeable
HEIGHT & THICKNESS & LENGTH

500

496

BEAM
changeable - HEIGHT & BOX

STOP END
FEEL FREE

worldskills

Competition 2022
Special Edition

Test Project for the WorldSkills
Competition Special Edition 2022

Skill: Skill 46 - CONCRETE CONSTRUCTION WORK			
Design by: CE Prigl & Experts			
Last Update: 22.11.2022	Scale:	Paper: A3	Page: 01 of 01
Drawing Number: WSC2022_TP46_20_SMT_EN			Rev: 1
Description: MODUL 2 - PILLAR & BEAM FORMWORK DAY C-3: CHANGEABLES			Projection:
2950 - 500		Extra Info 2	

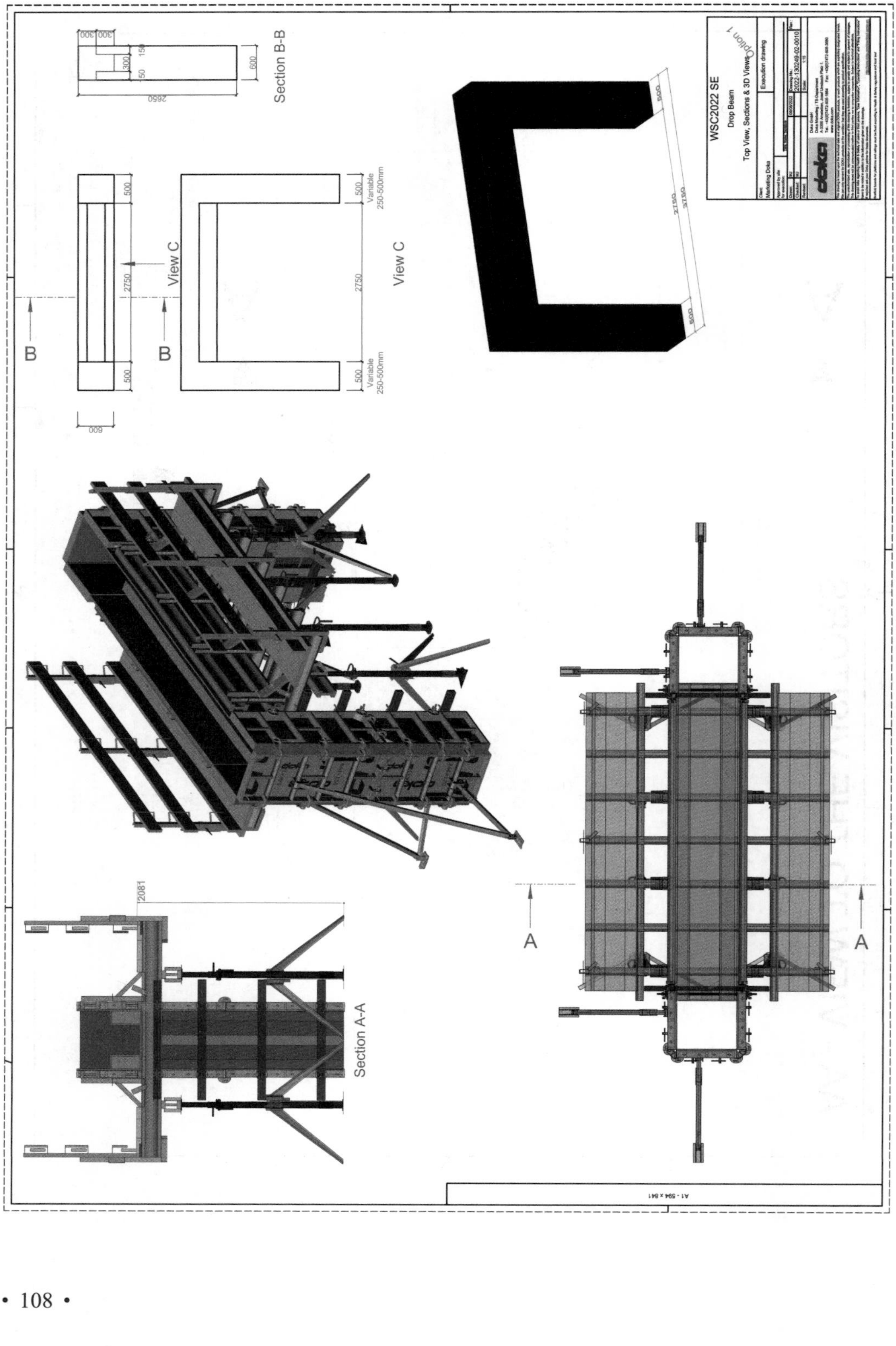

WSC2022 SE
Drop Beam
Top View, Sections & 3D Views
Option 1
Execution drawing
Client:
Marketing Doka
Approved by site for execution:
Drawn: MJ
Checked: MJ
Revised:
08/08/2022
Drawing-No.:
2022-1302249-02-0010
Rev.:
Scale: 1:15
doka
Doka GmbH
Doka Marketing / TS-Department
www.doka.com
Section B-B
View C
View C
Variable 250-500mm
Variable 250-500mm
2750
2750
2750
500
500
600
2650
300
300
150
50
300
600
B
B
A
A
Section A-A
2081
A1 - 594 x 841

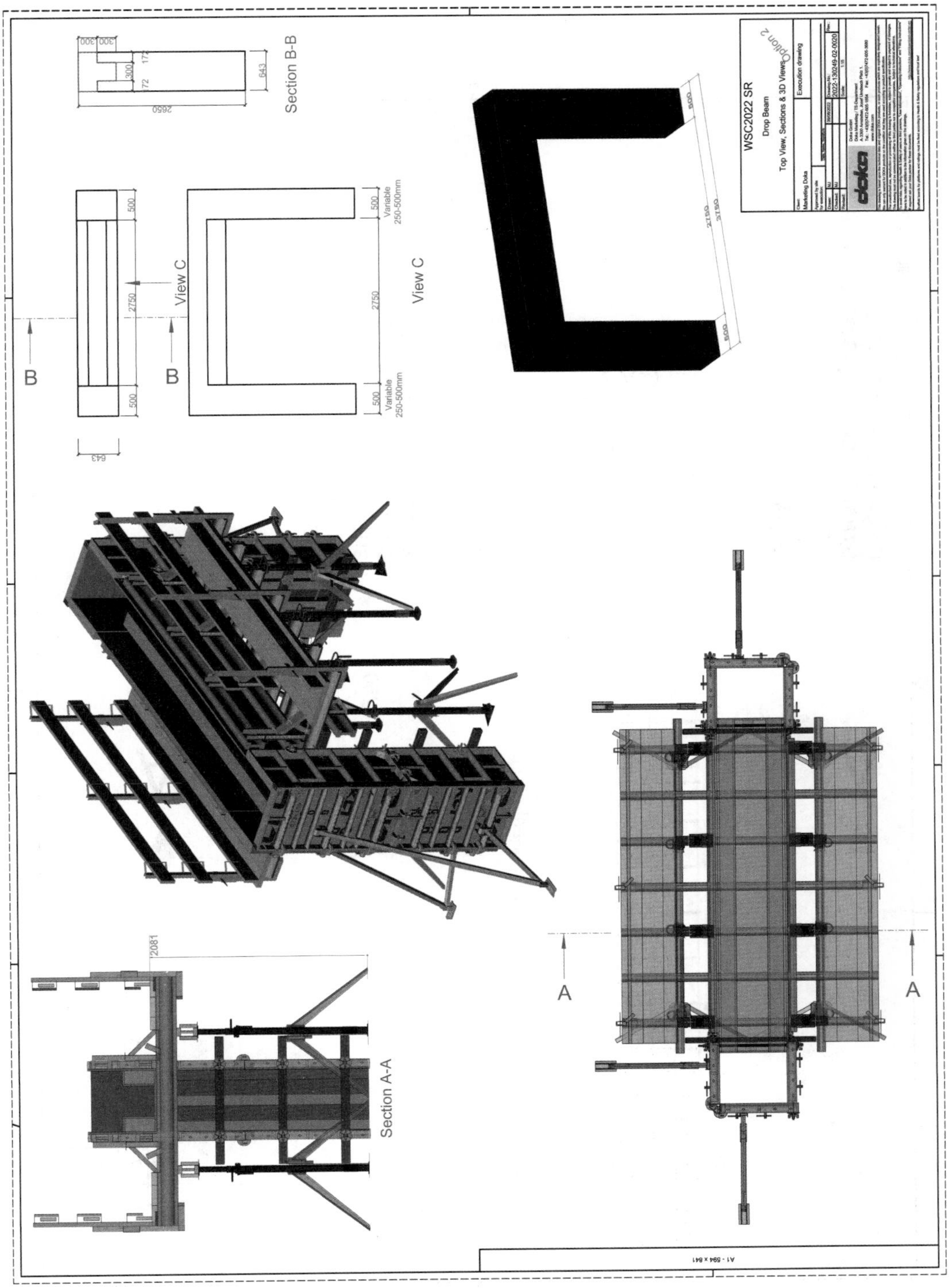

Section A-A

2081

A

A

B

B

643

500 2750 500

View C

500 2750 500

Variable 250-500mm

Variable 250-500mm

View C

300 300

300

172 172

2650

643

Section B-B

500

2750

3750

500

WSC2022 SR	
Drop Beam	
Top View, Sections & 3D Views	Option 2
Client: Marketing Doka	Execution drawing
Drawing No.: 2022-130249-02-0020	Scale: 1:15

doka

A1 - 594 x 841

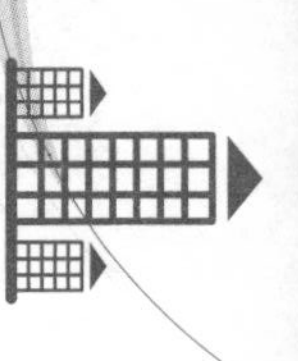

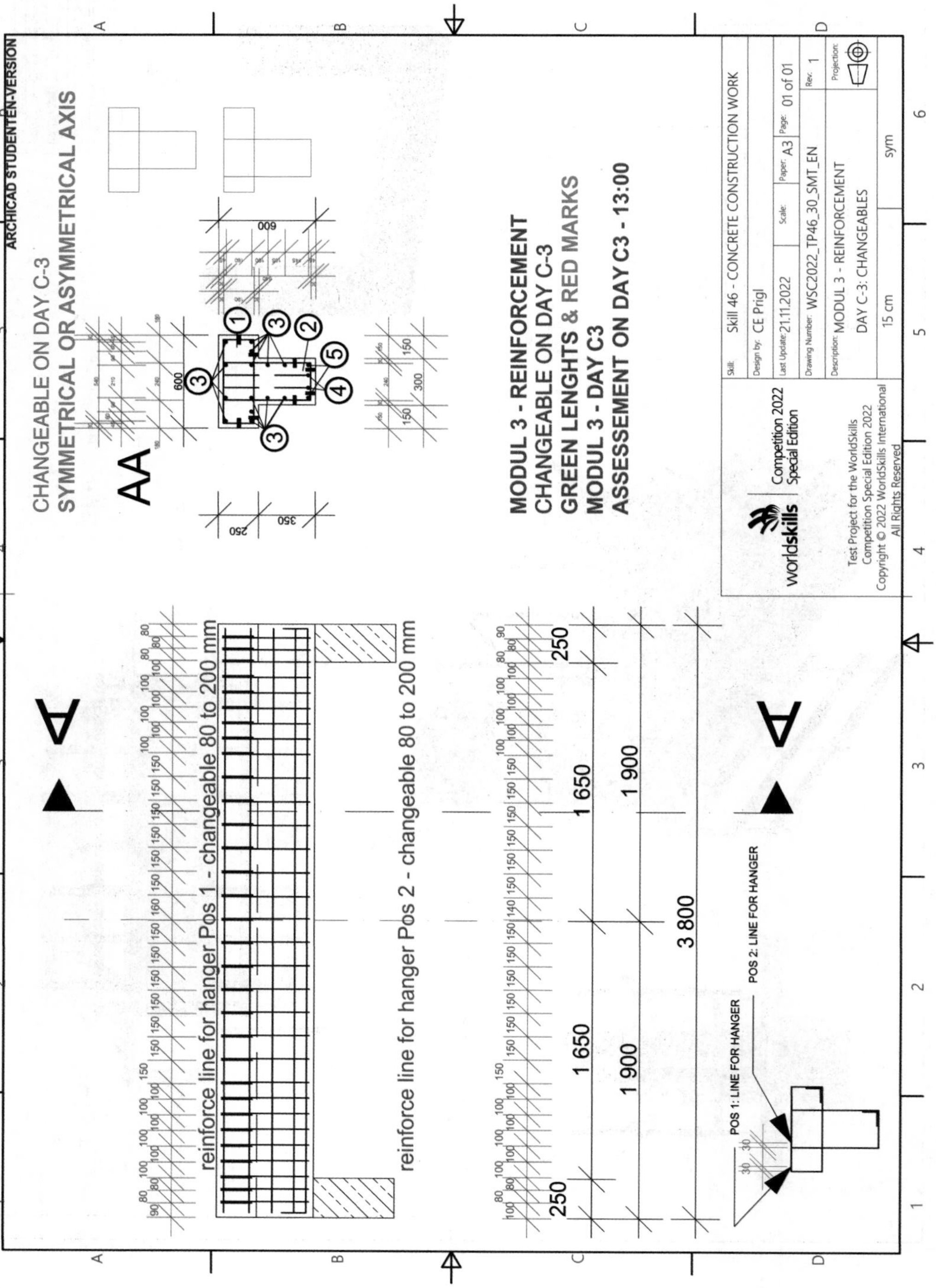

ARCHICAD STUDENTEN-VERSION

CHANGEABLE ON DAY C-3
SYMMETRICAL OR ASYMMETRICAL AXIS

AA

reinforce line for hanger Pos 1 - changeable 80 to 200 mm

reinforce line for hanger Pos 2 - changeable 80 to 200 mm

250 | 1 650 | 1 650 | 250

1 900 | 1 900

3 800

POS 1: LINE FOR HANGER

POS 2: LINE FOR HANGER

MODUL 3 - REINFORCEMENT
CHANGEABLE ON DAY C-3
GREEN LENGHTS & RED MARKS
MODUL 3 - DAY C3
ASSESSEMENT ON DAY C3 - 13:00

worldskills Competition 2022 Special Edition	Skill: Skill 46 - CONCRETE CONSTRUCTION WORK			
	Design by: CE Prigl			
	Last Update: 21.11.2022	Scale:	Paper: A3	Page: 01 of 01
	Drawing Number: WSC2022_TP46_30_SMT_EN			Rev.: 1
Test Project for the WorldSkills Competition Special Edition 2022	Description: MODUL 3 - REINFORCEMENT DAY C-3: CHANGEABLES			Projection:
	15 cm		sym	

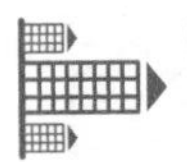

2.5　第二届国家技能大赛试题图纸

图纸目录

图号	图纸名称
01	图纸目录、比赛日完成作品示意图
02	铝模模块结构布置图、混凝土模块结构布置图
03	放样与混凝土平台相对位置图、放样平面布置图
04	混凝土模块A面墙结构图
05	混凝土模块B面墙结构图
06	钢筋配筋图
07	铝模模块外墙二维示意图
08	铝模模块外墙三维示意图
09	铝模模块外墙二维配模图
10	铝模模块外墙三维配模图
11	铝模模块外墙二维背楞配模图
12	铝模模块外墙二维支撑配模图
13	
14	
15	

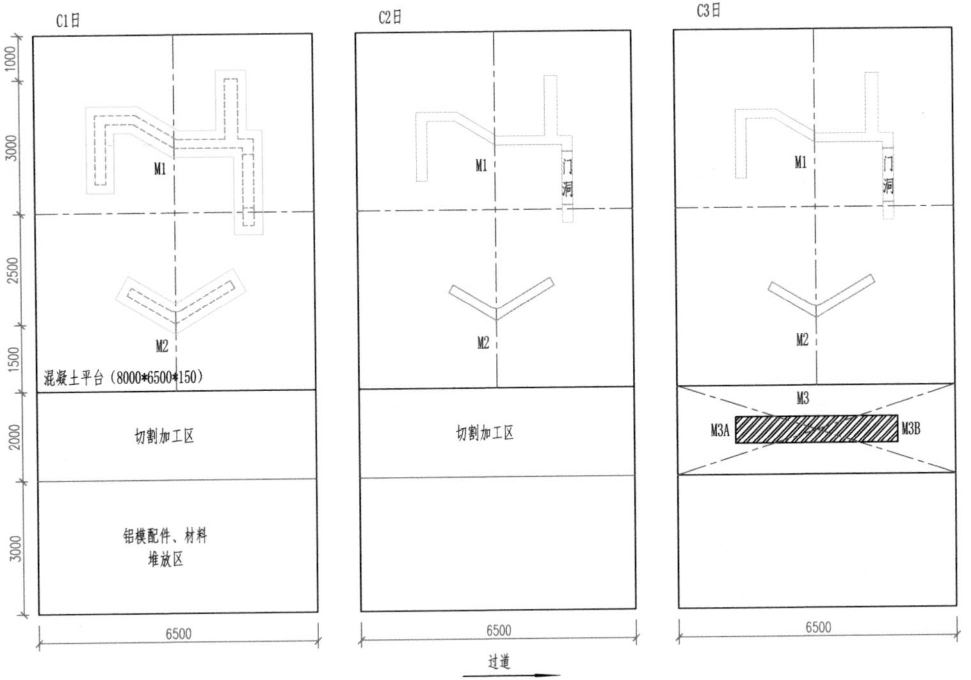

C1日

M1

M2

混凝土平台（8000*6500*150）

切割加工区

铝模配件、材料

堆放区

1000　3000　2500　1500　2000　3000

6500

C2日

M1

门洞

M2

切割加工区

6500

C3日

M1

门洞

M2

M3

M3A

M3B

6500

过道

比赛日完成作品示意图

说明：

1.图中单位均以mm计。

2.C1日必须完成铝模及混凝土模块的放线工作。

3.C2日必须完成铝模及混凝土模块的全部工作，包括混凝土浇筑；且C2上午12:00 M2模块须满足混凝土浇筑要求。

4.C3日完成全部竞赛内容，且钢筋须按图位置与方向放置。

第二届全国技能大赛混凝土建筑项目样题			
图纸名称	比赛日完成作品示意图		
比　例	1:80	纸　张	
日　期	2023-08-15	版　本	V2.1
图　号	01	备　注	
设　计	裁判组		
制　图	裁判组		

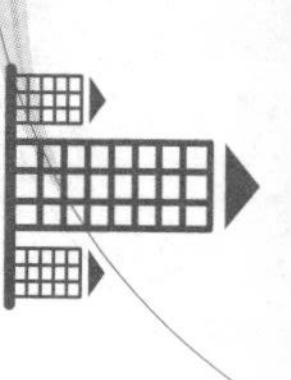

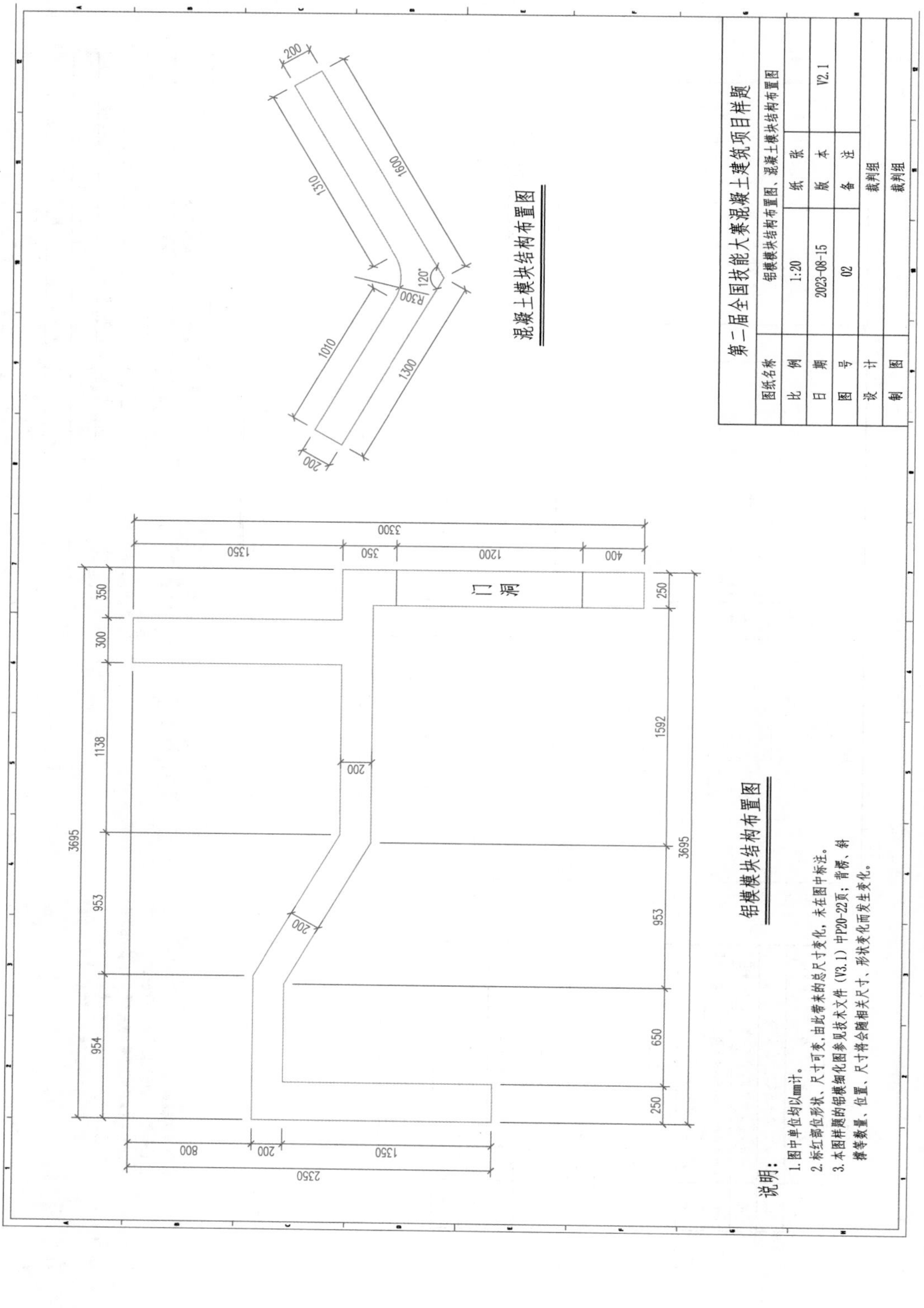

3695
954 953 1138 300 350
800 200 1350 2350
200 200
1350 350 1200 400 3300
门洞
250 650 953 1592 250
3695

铝模模块结构布置图

200 1010 1310 200
1300 R300 120° 1600

混凝土模块结构布置图

说明：

1. 图中单位均以mm计。
2. 标红部位形状、尺寸可变，由此带来的总尺寸变化，未在图中标注。
3. 本图样题的铝模细化图参见技术文件（V3.1）中P20-22页；背楞、斜撑等数量、位置、尺寸将会随相关尺寸、形状变化而发生变化。

第二届全国技能大赛混凝土建筑项目样题			
图纸名称	铝模模块结构布置图、混凝土模块结构布置图		
比　例	1:20	纸　张	
日　期	2023-08-15	版　本	V2.1
图　号	02	备　注	
设　计	裁判组		
制　图	裁判组		

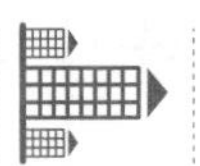

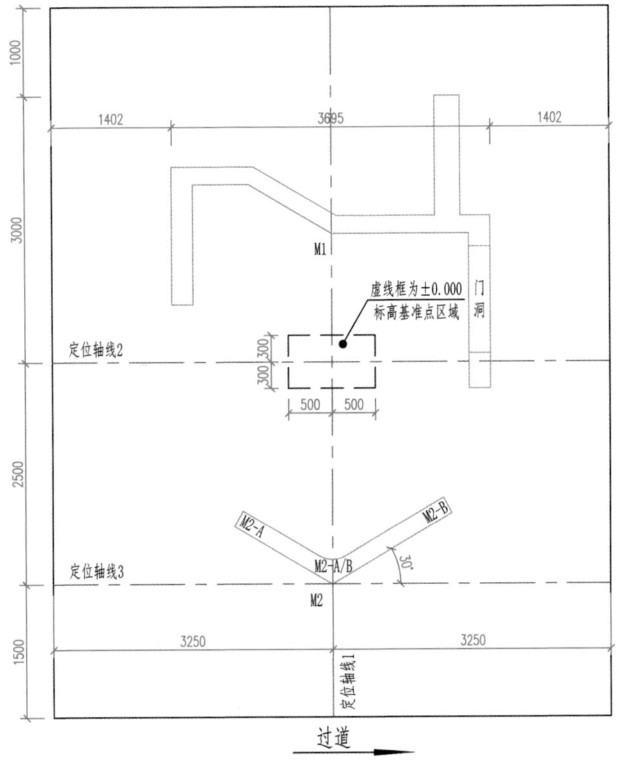
1000
3000
2500
1500
1402
3695
1402
M1
虚线框为±0.000
标高基准点区域
门
洞
定位轴线2
300
300
500
500
M2-A
M2-B
M2-A/B
30°
定位轴线3
M2
3250
3250
定位轴线1
过道

放样与混凝土平台相对位置图

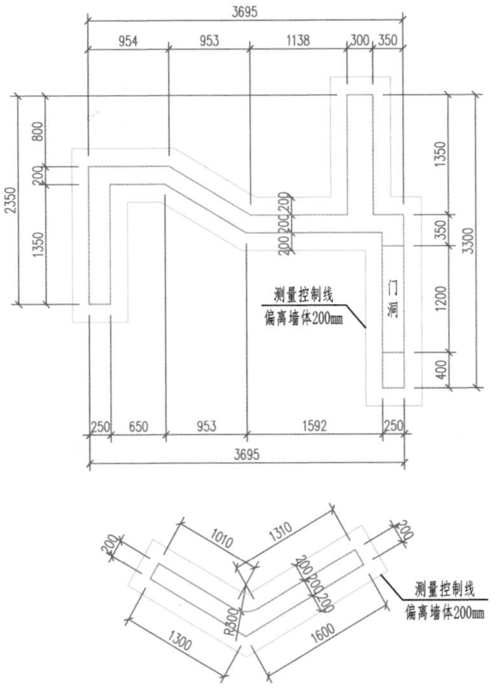
3695
954
953
1138
300
350
2350
800
200
1350
200
200
200
1350
350
3300
1200
400
测量控制线
偏离墙体200mm
门
洞
250
650
953
1592
250
3695
200
1010
1310
200
200
200
200
R300
1300
1600
测量控制线
偏离墙体200mm

放样平面布置图

说明：

1. 图中单位均以mm计。
2. 标红部位形状、尺寸可变。
3. 放样尺寸将随结构尺寸变化而变化。

第二届全国技能大赛混凝土建筑项目样题			
图纸名称	放样与混凝土平台相对位置图、放样平面布置图		
比　例	1:40	纸　张	
日　期	2023-08-15	版　本	V2.1
图　号	03	备　注	
设　计	裁判组		
制　图	裁判组		

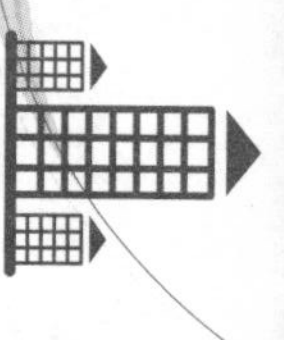

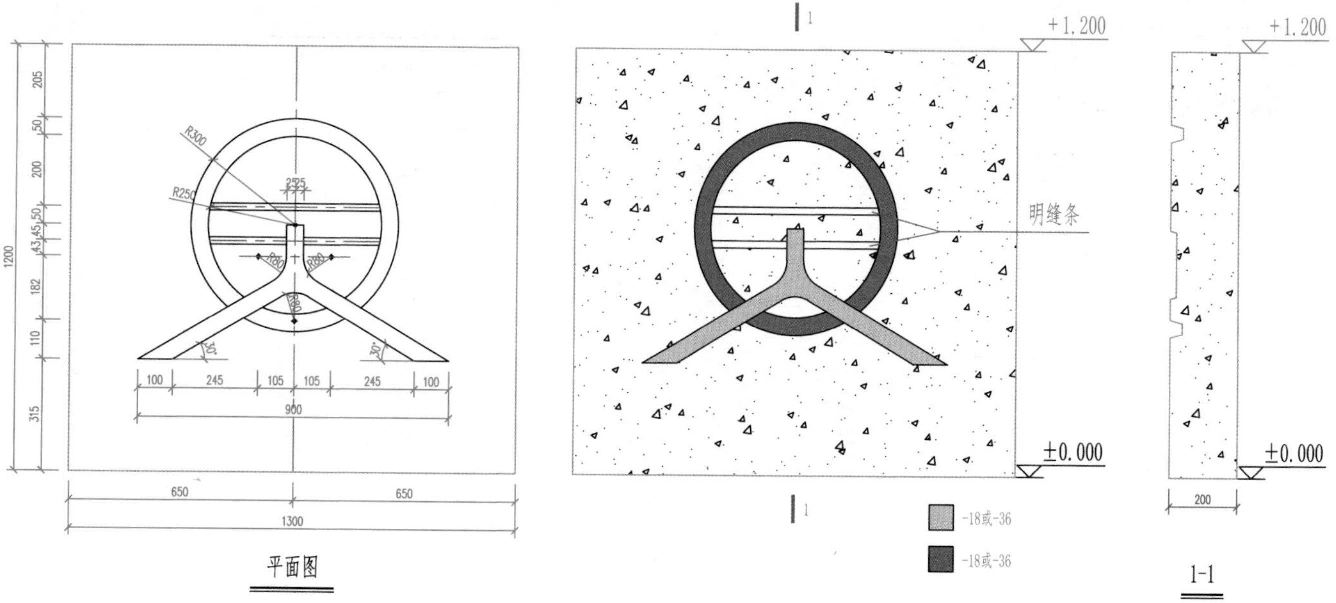

平面图

R300 R250 255 R80 R80 R80 30° 30°

100 245 105 105 245 100 900

205 50 200 50 45 43 182 110 315 1200

650 650 1300

+1.200 ±0.000 明缝条

-18或-36

-18或-36

+1.200 ±0.000 200

1-1

说明：

1. 图中单位均以mm计。
2. 为便于拆模，图中凹陷部分切割角度为15°。
3. 图中横向水平线条采用明缝条。
4. 标红部位形状、尺寸可变。

第二届全国技能大赛混凝土建筑项目样题			
图纸名称	混凝土模块A面墙结构图		
比　例	1:10	纸　张	
日　期	2023-08-15	版　本	V2.1
图　号	04	备　注	
设　计	裁判组		
制　图	裁判组		

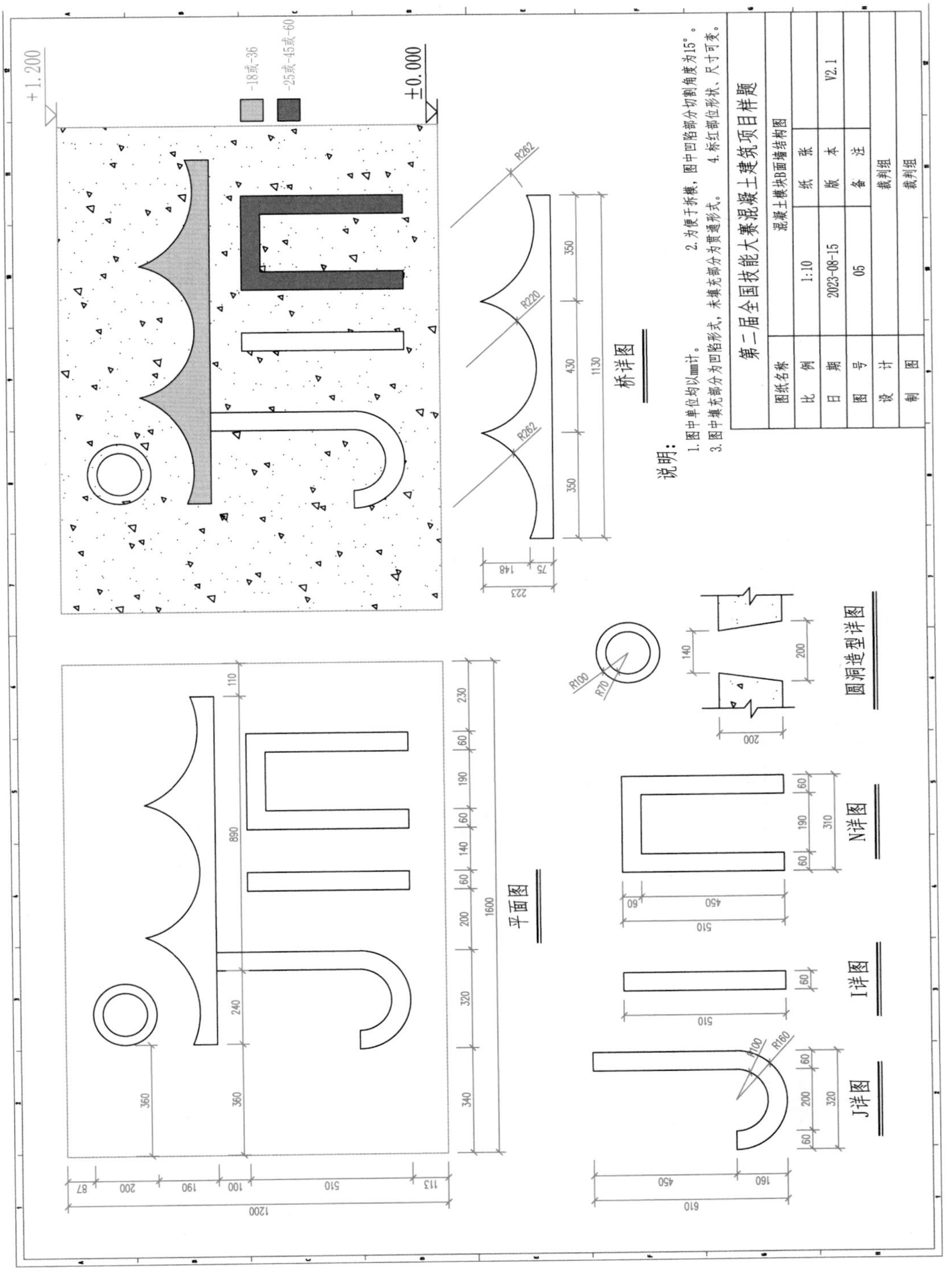

+1.200

±0.000

-18或-36

-25或-45或-60

87 200 190 100 510 113 1200

360 360 240 890 110

340 320 200 60 140 60 190 60 230

1600

平面图

223 148 75

R262 R220 R262

350 430 350

1130

桥详图

610 450 160

R100 R160

60 200 60

320

J详图

510

60

I详图

510 60 450

60 190 60

310

N详图

R100 R70

140 200 200

圆洞造型详图

说明：

1.图中单位均以mm计。 2.为便于拆模，图中凹陷部分切割角度为15°。

3.图中填充部分为凹陷形式，未填充部分为贯通形式。 4.标红部位形状、尺寸可变。

第二届全国技能大赛混凝土建筑项目样题			
图纸名称	混凝土模块B面墙结构图		
比　例	1:10	纸　张	
日　期	2023-08-15	版　本	V2.1
图　号	05	备　注	
设　计	裁判组		
制　图	裁判组		

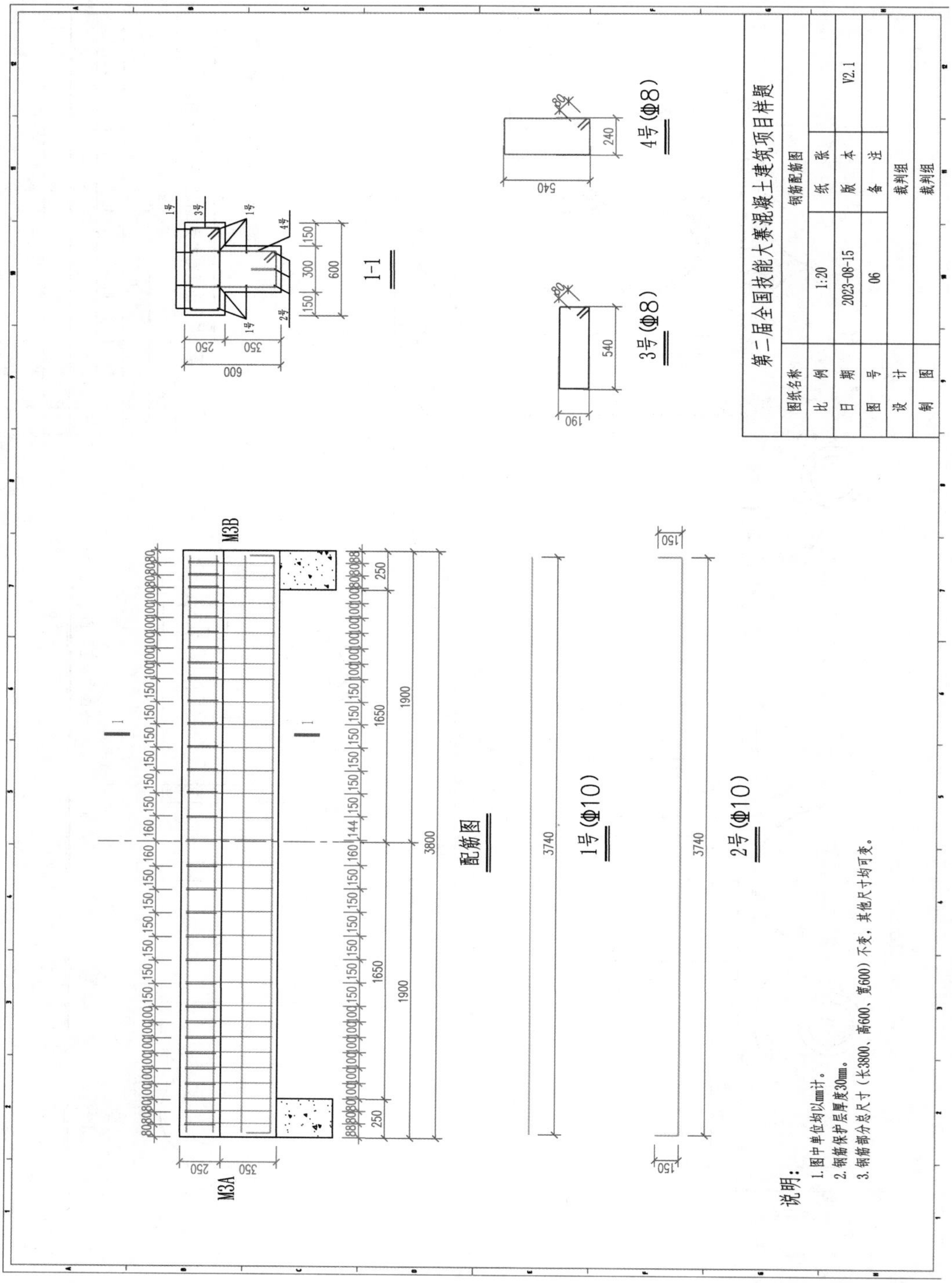

M3A M3B

配筋图

1-1

1号(Φ10)

2号(Φ10)

3号(Φ8)

4号(Φ8)

说明：

1.图中单位均以mm计。

2.钢筋保护层厚度30mm。

3.钢筋部分总尺寸（长3800、高600、宽600）不变，其他尺寸均可变。

第二届全国技能大赛混凝土建筑项目样题			
图纸名称	钢筋配筋图		
比　例	1:20	纸　张	
日　期	2023-08-15	版　本	V2.1
图　号	06	备　注	
设　计	裁判组		
制　图	裁判组		

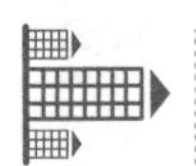

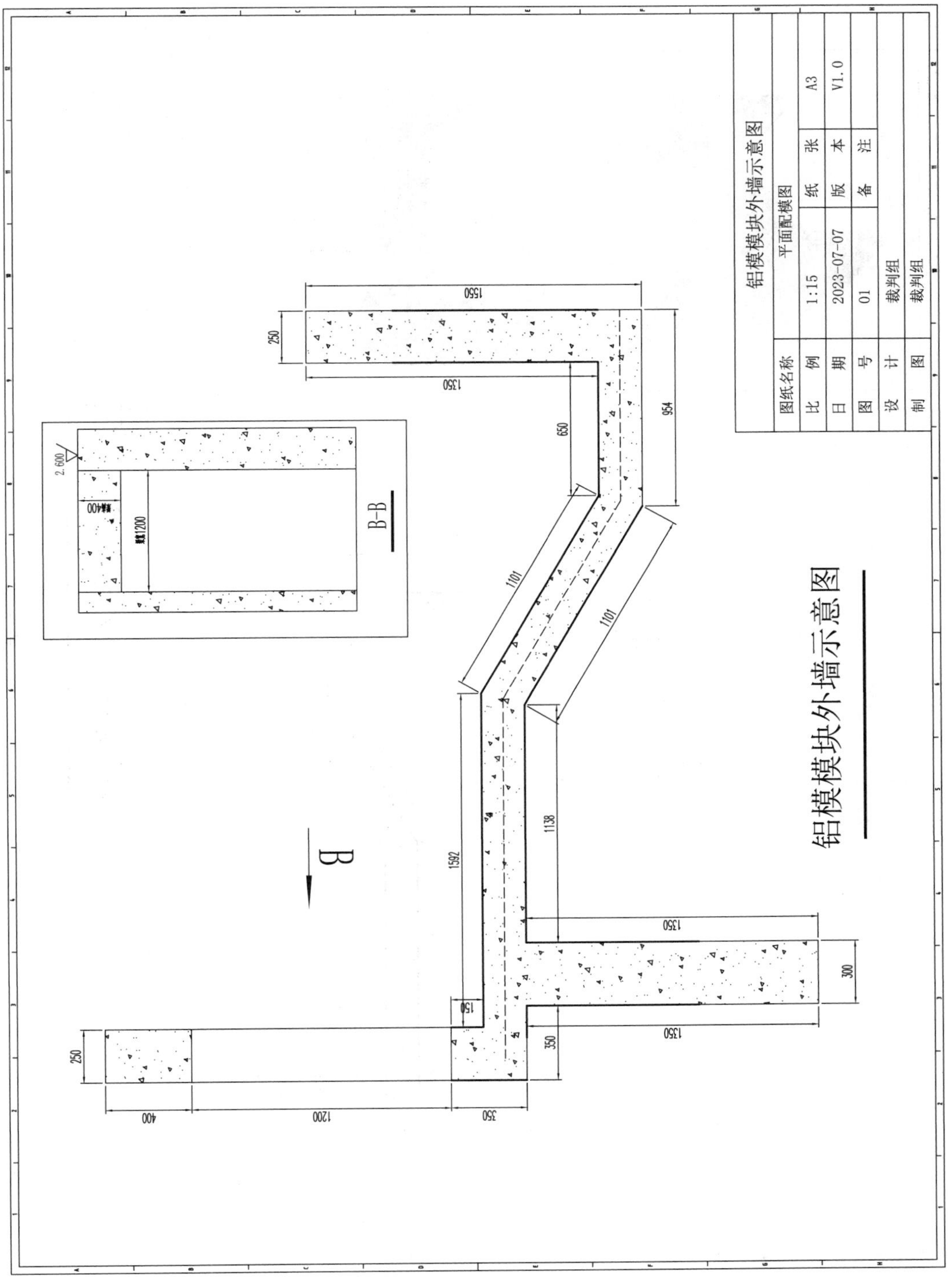
铝模模块外墙示意图
图纸名称
平面配模图
比　例
1:15
纸　张
A3
日　期
2023-07-07
版　本
V1.0
图　号
01
备　注
设　计
裁判组
制　图
裁判组
铝模模块外墙示意图
B-B
B
2.600
1550
250
1350
650
954
1101
1101
1592
1138
1350
300
150
350
1350
250
400
1200
350

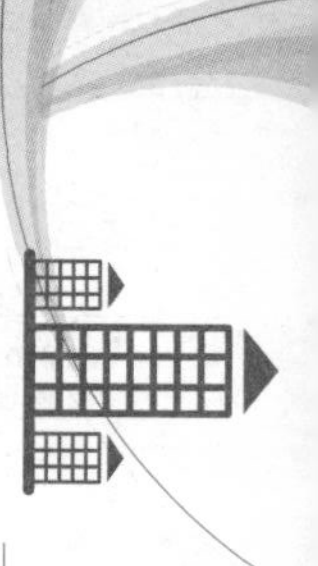

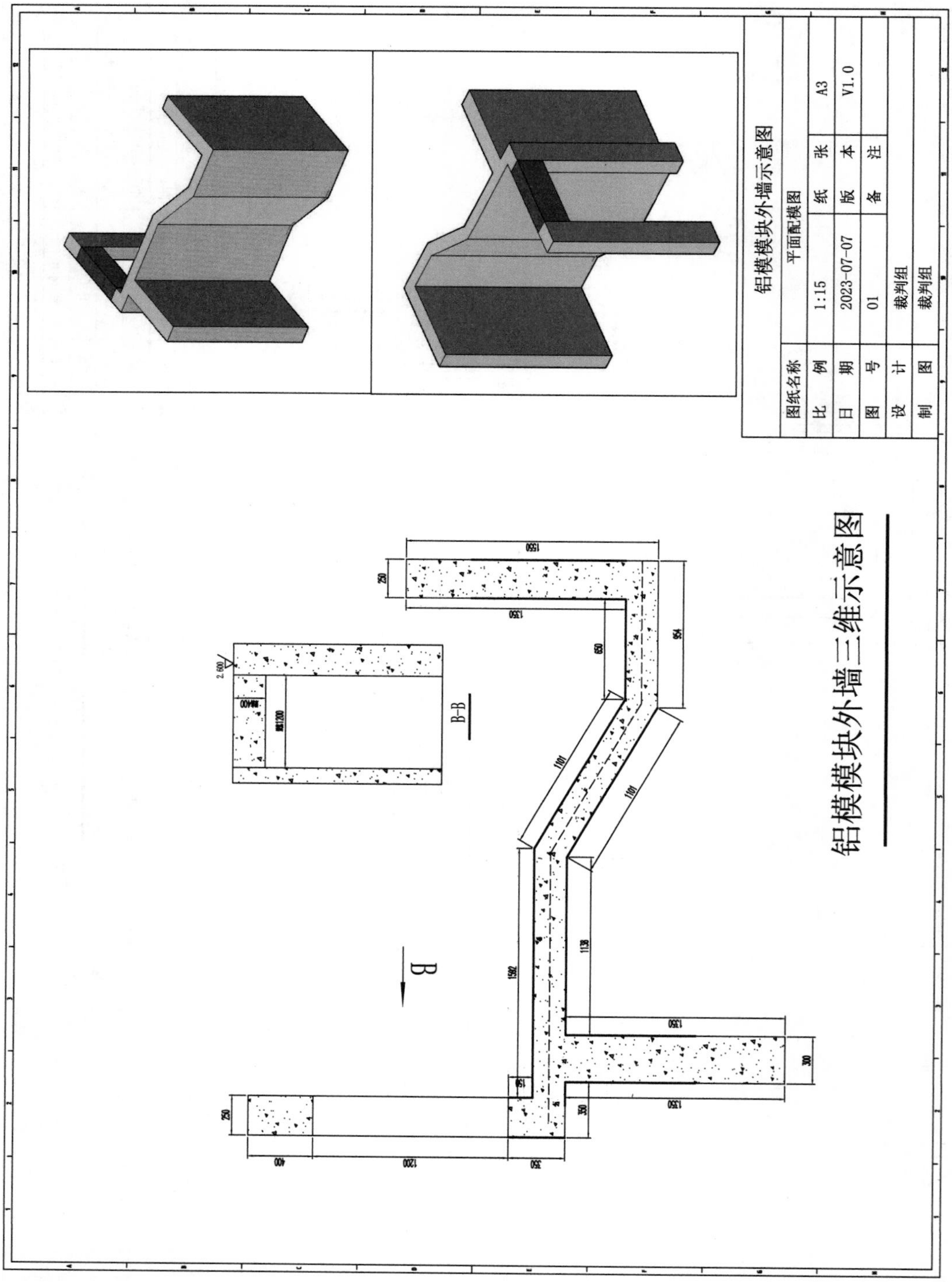

铝模模块外墙三维示意图

铝模模块外墙示意图			
图纸名称	平面配模图		
比　例	1:15	纸　张	A3
日　期	2023-07-07	版　本	V1.0
图　号	01	备　注	
设　计	裁判组		
制　图	裁判组		

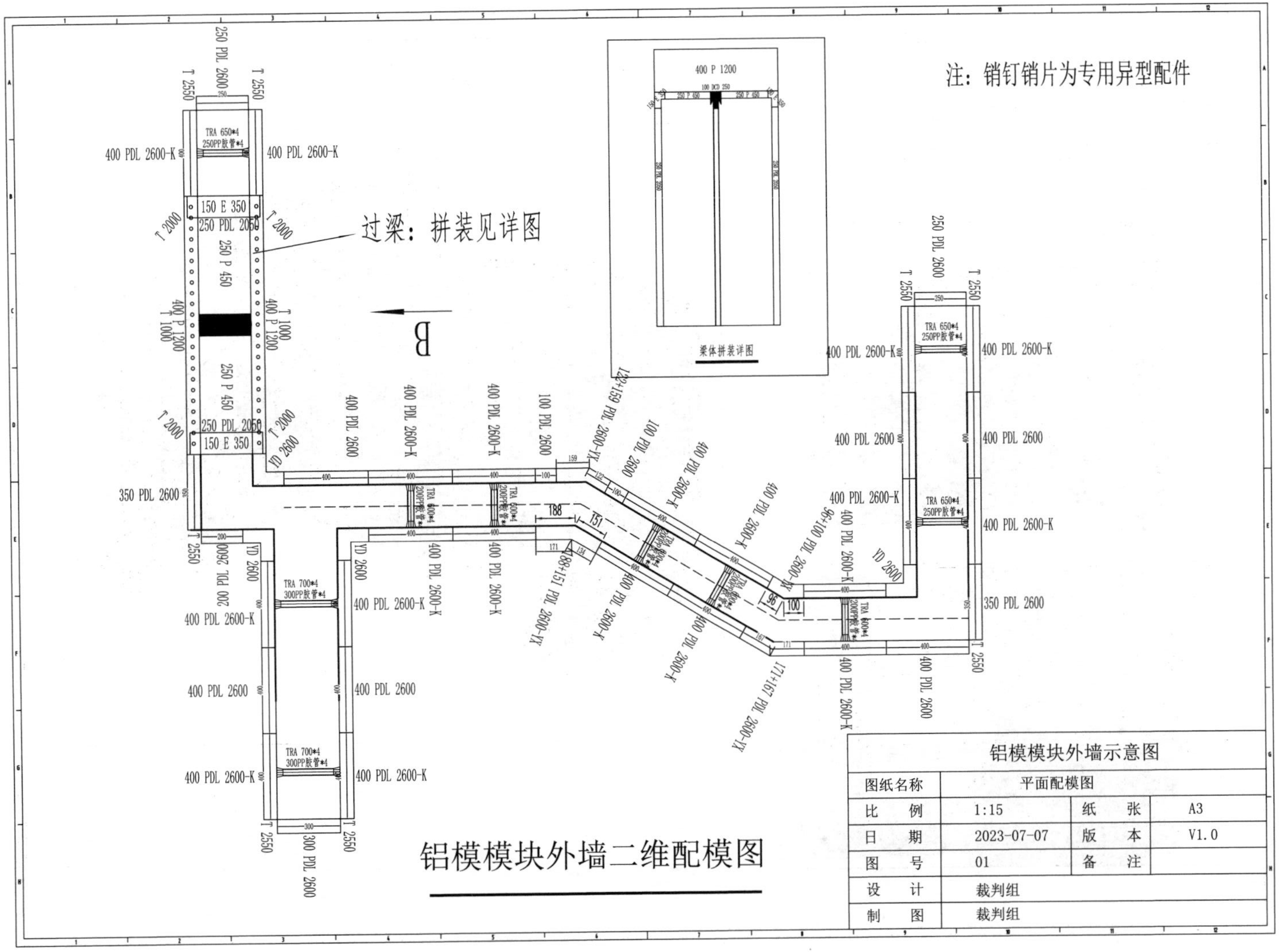

注：销钉销片为专用异型配件

过梁：拼装见详图

B

梁体拼装详图

400 P 1200

100 DCD 250

250 P 450

150 E 350

250 PDL 2050

T 2550

250 PDL 2600

TRA 650*4
250PP胶管*4

400 PDL 2600-K

T 2000

400 P 1200

T 1000

250 P 450

YD 2600

350 PDL 2600

200 PDL 2600

400 PDL 2600

400 PDL 2600-K

100 PDL 2600

122+159 PDL 2600-YX

TRA 600*4
200PP胶管*4

188

151

188+151 PDL 2600-YX

96+100 PDL 2600-YX

171+167 PDL 2600-YX

96

100

TRA 700*4
300PP胶管*4

300 PDL 2600

350 PDL 2600

铝模模块外墙二维配模图

铝模模块外墙示意图			
图纸名称	平面配模图		
比　例	1:15	纸　张	A3
日　期	2023-07-07	版　本	V1.0
图　号	01	备　注	
设　计	裁判组		
制　图	裁判组		

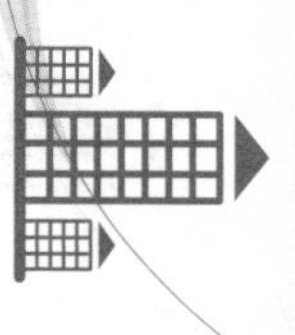

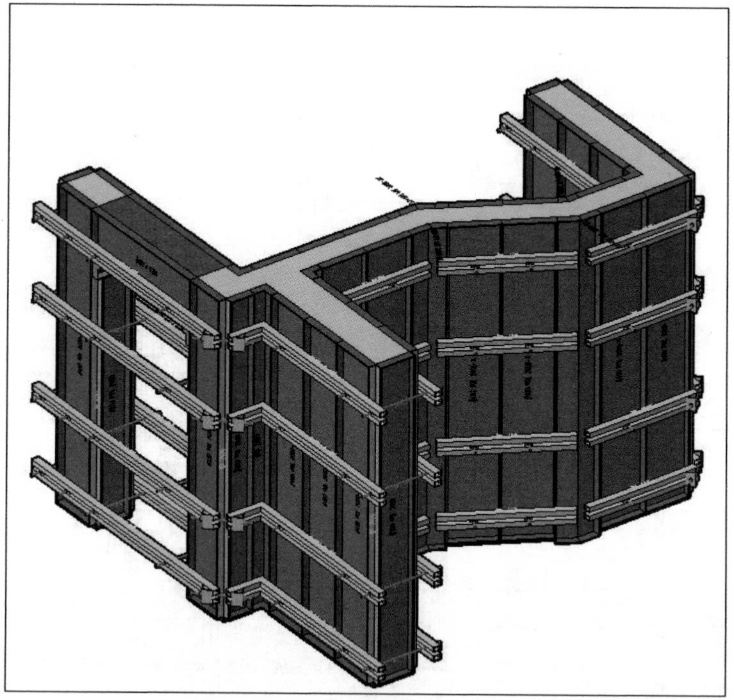

铝模模块外墙三维配模图

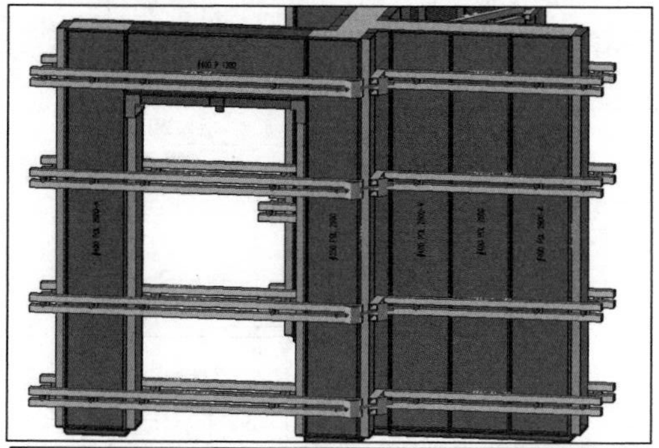

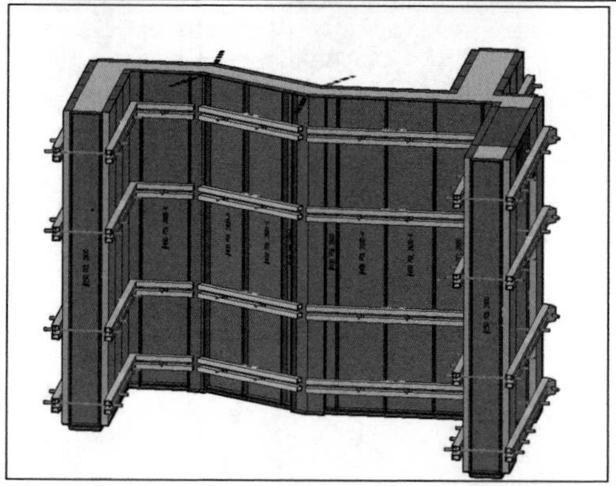

铝模模块外墙示意图			
图纸名称	平面配模图		
比　例	1:15	纸　张	A3
日　期	2023-07-07	版　本	V1.0
图　号	01	备　注	
设　计	裁判组		
制　图	裁判组		

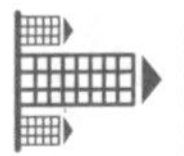

注：加固背楞为装配式可调节背楞

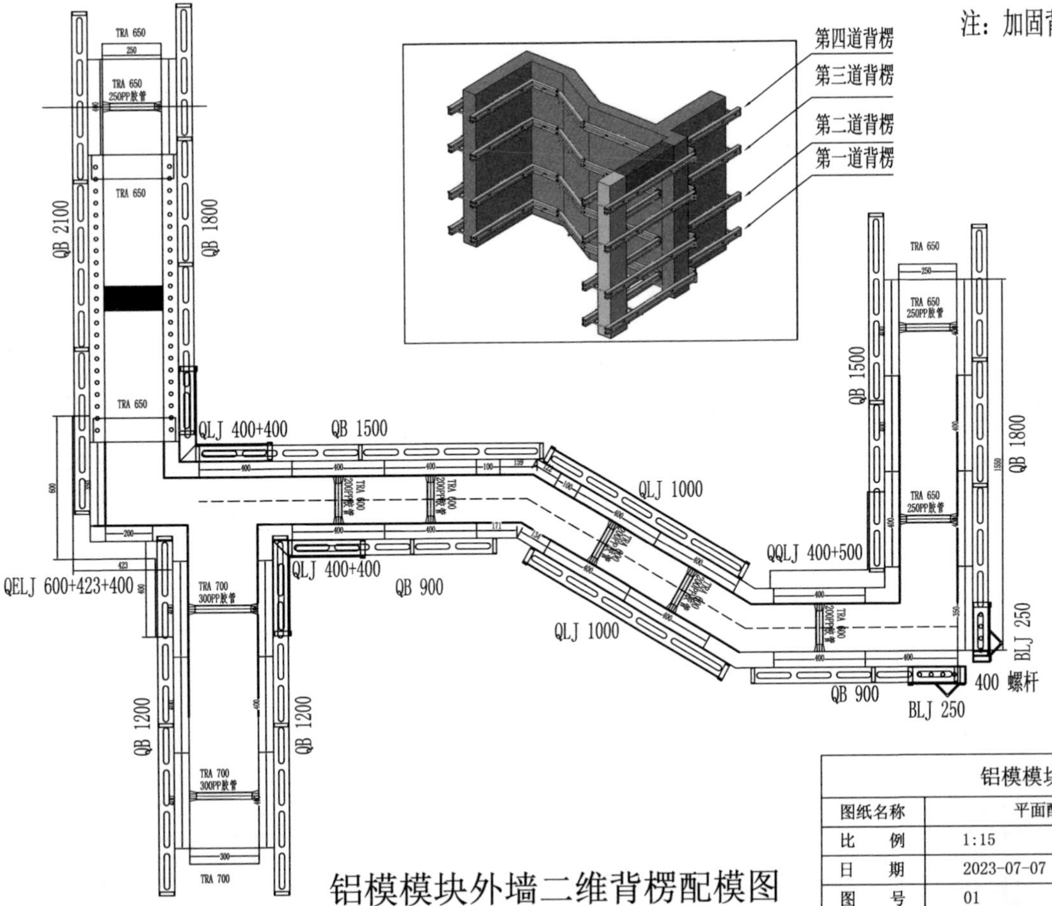

第四道背楞
第三道背楞
第二道背楞
第一道背楞

QB 2100
QB 1800
TRA 650
250
TRA 650
250PP胶管
QLJ 400+400
QB 1500
QLJ 1000
TRA 600
200PP胶管
QQLJ 400+500
QB 1500
QB 1800
TRA 650
250PP胶管
BLJ 250
400 螺杆
QB 900
QLJ 1000
QLJ 400+400
QB 900
QELJ 600+423+400
QB 1200
QB 1200
TRA 700
300PP胶管
TRA 700

铝模模块外墙二维背楞配模图

铝模模块外墙示意图			
图纸名称	平面配模图		
比　例	1:15	纸　张	A3
日　期	2023-07-07	版　本	V1.0
图　号	01	备　注	
设　计	裁判组		
制　图	裁判组		

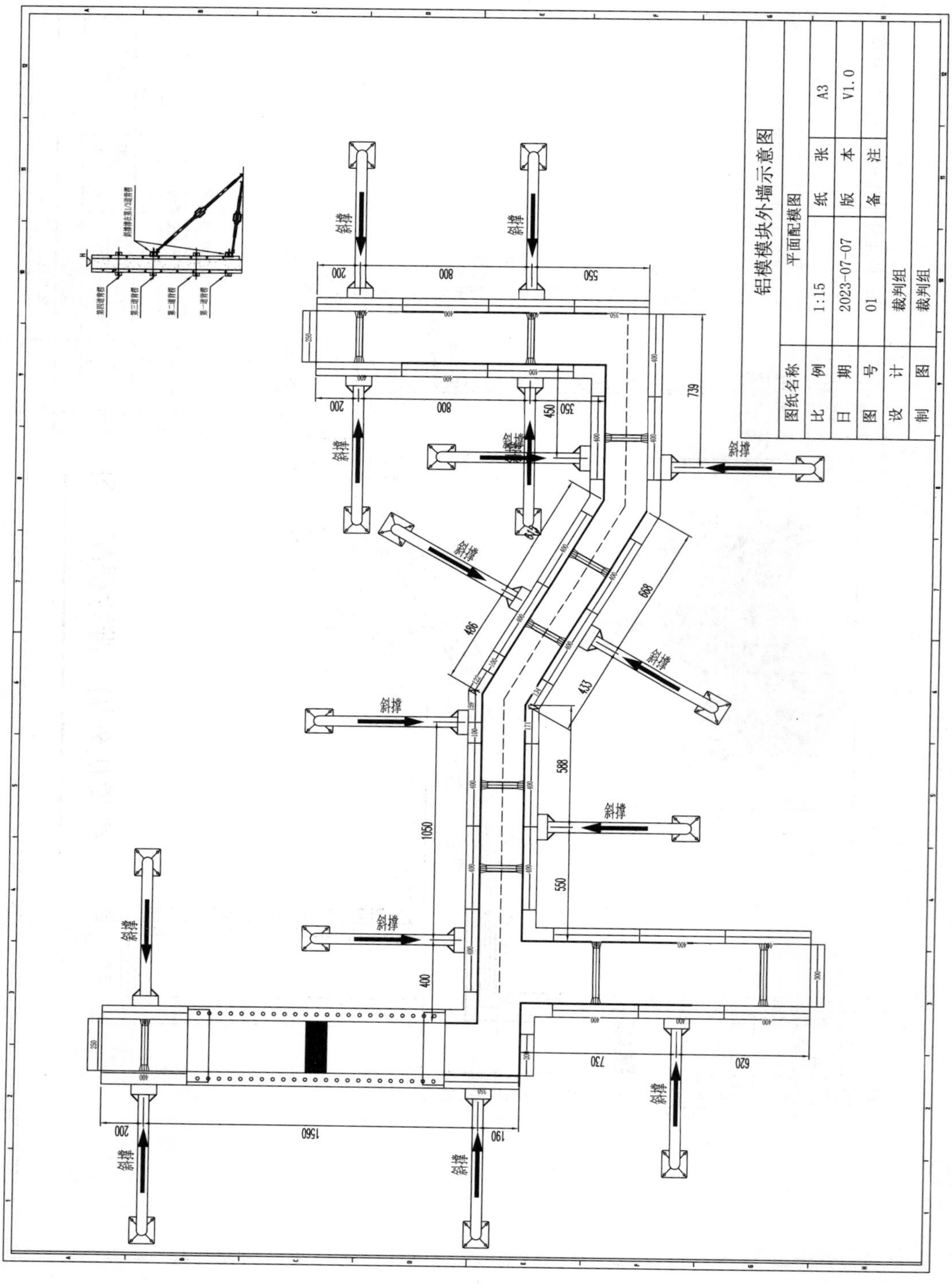

铝模模块外墙示意图

图纸名称	平面配模图		
比　例	1:15	纸　张	A3
日　期	2023-07-07	版　本	V1.0
图　号	01	备　注	
设　计	裁判组		
制　图	裁判组		